恐龙图鉴 给儿童的恐龙百科全书

白垩纪恐龙

[英] 英国琥珀出版公司 / 编著　　王凌宇 / 译

甘肃科学技术出版社

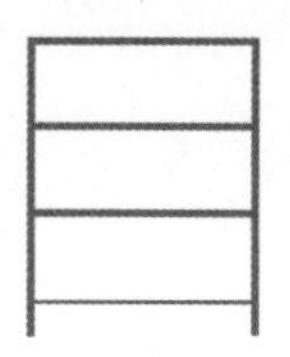 

异齿龙

水龙兽

导言

地球生命的历史是一个具有永恒吸引力的话题，它让我们明白自身的起源以及我们在这庞大的生命空间中的位置。伴随着每一个全新的发现或是对过去的重新解释，我们的生物学视角被不断转换。演化过程的时间跨度之大、所产生的物种之多样，让我们为之折服。当我们在思索那消逝的世界以及那里奇特的居民时，我们的想象力会被激发，这是其他任何事物都无可比拟的。

为了复原我们星球的生物历史，我们必须成为一名侦探。在复原生物历史时，我们除了依靠现存生物的基因数据外，还可以依靠化石。化石是那些远古物种留下的痕迹，是我们阐释和复原时的起点。但是要记住，即便一块化石保存得再完美，它也无法向我们展现故事的全貌。比如，一只被密封在琥珀里的昆虫，就没有证据

即便是最好的化石也留下了极大的想象空间，让我们可以去推测那些灭绝已久的生物的外貌与行为，比如这些腕龙。

庞大的角龙能不能用它们的后腿站立呢？我们可能无法知道准确答案，但可以做一些有根据的猜想。

记录它活着时的各种行为。绝大多数化石都无法被保存得很好，没法像昆虫被密封在树脂中一样“完美”。在近 40 亿年前，地球上活跃着数以万亿计的生物，而我们所拥有的标本只代表了其中极其微小的一部分而已。

随着越来越多且越来越优质的化石被发现，我们对这些史前动物的描述也在进一步清晰。毋庸置疑，我们比以前更加了解恐龙了。相较于浅海中巨大的无脊椎珊瑚礁群落来说，恐龙很难被保存在化石中，因为它是生活在陆地上和空中的脊椎动物。大部分恐龙在变成化石前，都会先被其他动物吃掉或是遭到风化，所以当我们研究恐龙时，常常只能研究一些化石残片。这些残片虽然诱人，但也很容易让人产生挫败感。

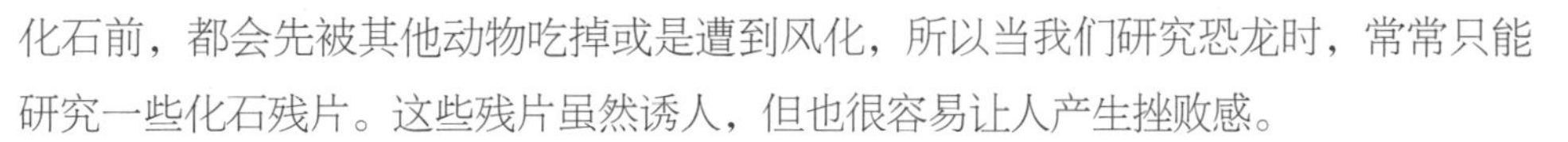

当你在阅读本书时，你会发现一些限定词被重复地使用，如“很可能”“可能”和“也许”。当古生物学家试图根据零碎的化石来复原生物时，他必须极其仔细。我们通常什么都无法完全确定，在研究生物行为的时候尤为如此。难道我们可以通过研究一具骨骼化石，就下结论说这只动物活着的时候会用它的前肢从潮湿的沙子中汲取水分，然后再通过它鳞片缝隙的毛细作用将水送到嘴角吗？这样的动物今天是存在的——现代的带刺恶魔棘蜥。我们又怎能猜到一种史前动物可能故意弄断它趾中的骨头，然后锋利的“爪”就可以从皮肤中长出来，就像一种名叫壮发蛙的现代青蛙所做的那样呢？

名字的意义

你可能也发现本书中一些生物属的词源并不确定。长久以来，使用拉丁文或希腊文给生物起名是一种标准的惯例。叫作双冠龙（双冠蜥蜴）的恐龙在头骨上长着两个冠，股薄鳄（细长的鳄鱼）真的是个细长的鳄鱼。可是，还有一些动物，我们无法通过简单粗暴地翻译它的名字就明白学者给它取名的原因。如果从字面翻译棱齿龙的名字，它的意思是“高冠状的牙齿”，但是更深入的研究表明，这个名字实际上是指“高冠蜥的牙齿”，这是因为它的牙齿和高冠蜥的牙齿很像。另外还有莫阿大学龙，它的名字翻译过来就是“莫阿大学的蜥蜴”，是根据德国格赖夫斯瓦尔德的恩斯特 – 莫里兹 – 阿德特大学命名的，这所大学就位于化石发现地的旁边。熟练掌握拉丁文和希腊文可能就无法让你正确解析这个名字咯！对于一些太久以前命名的生物属以及一些我们没有词源的生物属，我们已经尽力去解释那些名字可能传递的意义了。幸好，现代取名规则在取名之外，还要求解释取名原因。

恐龙的定义

人们对史前动物的信息求知若渴，基于各种复杂的原因，人们尤其渴望获得恐龙的信息。也因为各种各样的原因，外行人经常会误用“恐龙”这个词来代指“任何只能通过化石了解的、体形巨大的、灭绝已久的动物”。但科学家试图给“恐龙”赋予更精确的定义。对科学家而言，与体形大小、是否灭绝和如何保存这些特点相比，恐龙这个群体共同拥有的是更为具体的、独特的、有重大进化意义的特征。更何况现在我们已经意识到，恐龙也包括一些小型的、没有灭绝的动物，我们可以通过活标本（现代鸟类）去了解它们。因此，要定义“恐龙”这个词十分困难。

目前，对“恐龙”一词有两种被广泛接受的定义：① 三角龙和现代鸟类的最近共同祖先的所有后代；② 巨齿龙和禽龙的最近共同祖先的所有后代。第二个定义中提到了两种最先被科学描述的非鸟型恐龙。这两种定义包含了相同的动物群体，而且这些动物群体是分散的。但恐龙到底是什么意思呢？外行人当然不能只是看着一个生物体，就判断出它是三角龙和现代鸟类的最近共同祖先的后代或是巨齿龙和禽龙的最近共同祖先的后代。

如果我们细想一下上面被用来定义恐龙群体的那些物种，它们是具备了一些特

大家都知道暴龙是一种恐龙，但是要给“恐龙”这个词下个清晰的定义却难比登天。

征的，而且，这个群体中所有成员都会具备这些特征。这些特征包括肱骨、髂骨、小腿骨和距骨以及后肢站立的姿势。乍一看，这像是一套怪异又世俗的标准。用这样一套标准来定义这样一个充满魅力的群体，似乎很不合适。但是群体的一致性对于形成一个严格的定义来说至关重要。当我们在定义某生物群体时，我们会确定一些关键特征。然而，由于化石无法向我们展现整个生物群体的来龙去脉，所以我们总会发现某些生物化石，它们具备了许多特征，却无法囊括所有关键特征。那些靠近大型辐射进化（由一个祖先进化出各种不同新物种，以适应不同环境，形成一个同源的辐射状的进化系统）源头的生物化石就尤其是这样，比如恐龙。

这就是为什么我们会倾向于使用两个包含式的分类单元来下定义——新的生物体要么属于这两个分类单元，要么不属于。如果我们用一系列特征来定义一个生物群体，那么当某个生物体缺少其中一两个特征时，我们就只有两个选择，要么把这个新的生物体排除出去，要么就得无休止地修正我们的定义。

本套书根据地质年代，讲述了从寒武纪到第四纪（更新世）的 307 种史前动物，不仅有恐龙，还有许多其他史前动物。讲述每种动物时，使用相同的体例，方便读者阅读。

从 1970 年给双冠龙命名以来，我们对恐龙的认识比历史上任何时期都更加完善。

棘龙

重要统计资料

化石位置：埃及、摩洛哥

食性：食肉动物

体重：9 吨

身长：18 米

身高：5.6 米

名字意义（指拉丁学名名字意义，后不赘述）：“有棘刺的蜥蜴”，因为这种恐龙脊柱上的棘刺很长

分布：人们在摩洛哥和埃及西部沙漠的拜哈里耶绿洲的金木乃伊谷发现了棘龙化石

化石证据

目前，人们只详细描述了棘龙的头骨和脊柱。棘龙脊柱上的棘刺是脊椎骨长度的 11 倍。人们认为这些棘刺要比像异齿龙这样的盘龙身上的刺大得多，也强壮得多。2005 年，人们对于棘龙的头骨又有了进一步的认识，发现它是已知最大的肉食恐龙之一：它的头骨长达 1.75 米，且口鼻部较细长。

恐龙
白垩纪中期

棘龙是一种肉食恐龙，生活在 1 亿年前的北非大地上。1912 年，德国古生物学家恩斯特·斯特莫在埃及的沙漠发现了棘龙化石，正是对该化石的描述，才让人们知道了棘龙这个物种。虽然斯特莫发现的棘龙化石在“二战”中被毁灭了，但幸好还有一些斯特莫的研究成果被保留了下来。经过 3 年的努力，斯特莫在 1915 年详细描述了他在埃及的发现。随后又过了 80 年，人们才对棘龙有了进一步的认识，因为加拿大古生物学家戴尔·罗素在摩洛哥发现了新的棘龙化石。

棘龙的生活环境

棘龙生活在现在北非的大部分区域，那时埃及的尼罗河系统还没有形成。埃及的棘龙很可能生活在水道、河流和滩涂的岸边。它会和其他大型食肉动物一同生活在红树林沼泽中，例如巴哈利亚龙、鲨齿龙和腔鳄。腔鳄是一种长达 10 米的史前鳄鱼。

目 · 蜥臀目 · **科** · 棘龙科 · **属 & 种** · 埃及棘龙

棘刺

因为这种恐龙的脊柱上长有棘刺，所以人们称它为“棘龙”。那些棘刺可能会在棘龙的背部组成一个长达 1.8 米的大背帆。

牙齿

大部分兽脚亚目恐龙的牙齿都呈锯齿状，且较平，但棘龙的牙齿比较长，而且呈圆锥状。棘龙以鱼类为食，它的颌部很适合用来抓鱼和吃鱼。

骨头的发现

2000 年，在美国密苏里州的圣路易斯市，华盛顿大学的助理教授乔什 · 史密斯发现了一些照片，那些照片拍的是恩斯特 · 斯特莫在 1912 年发现的棘龙骨头。在那之前，人们以为斯特莫发现的化石和其他记录都在 1944 年被摧毁了，唯一留下的只有他的一些画而已。如今这些照片使得人们可以比之前更仔细地研究斯特莫的发现，并且可以验证他之前的一些调查结果。

时间轴（数百万年前）

540 | 505 | 438 | 408 | 360 | 280 | 248 | 208 | 146 | 65 | 1.8 至今

阿贝力龙

目 · 蜥臀目 · **科** · 阿贝力龙科 · **属 & 种** · 阿贝力龙

阿贝力龙是一种原始的兽脚亚目恐龙，它是一种两足食肉动物。人们对它很感兴趣，因为人们可以由此知道，这样的物种很可能会在南北半球分别进化。

重要统计资料

化石位置：阿根廷

食性：食肉动物

体重：1.4 吨

身长：6.5~7.9 米

身高：到臀部的高度为 2 米

名字意义：“阿贝力的蜥蜴”，因为发现它的人是罗伯特 · 阿贝力

分布：人们在阿根廷内格罗河省的阿纳克莱托组地层发现了阿贝力龙化石

化石证据

现存的阿贝力龙化石只有一块 1985 年发现的部分头骨。人们复原阿贝力龙时，参考了其他有类似头骨的两足食肉动物，基于那些动物的身体结构，人们推测阿贝力龙也是腿细而长，前肢较短，较长的尾巴可以平衡头骨的重量。阿贝力龙和其他北半球暴龙科动物的主要区别在于，它的眼睛前面有一个大开口。阿贝力龙是南美洲最凶残的捕食者之一，能快速奔跑，突袭那些行动较慢的食草动物并将其控制，然后用牙齿撕咬猎物的肉。

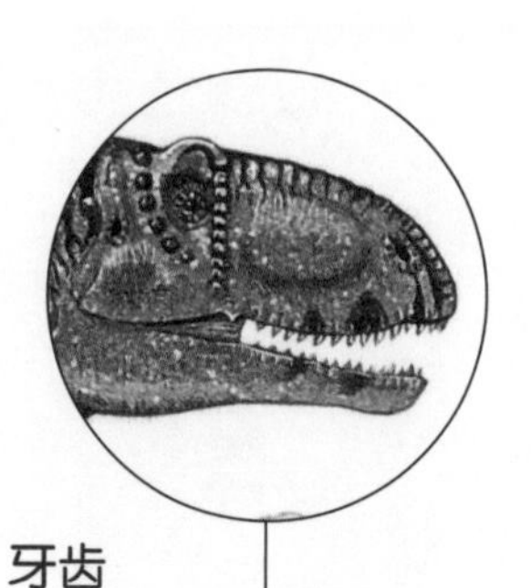

牙齿

阿贝力龙的牙齿比较重，而且比暴龙的牙齿要小。

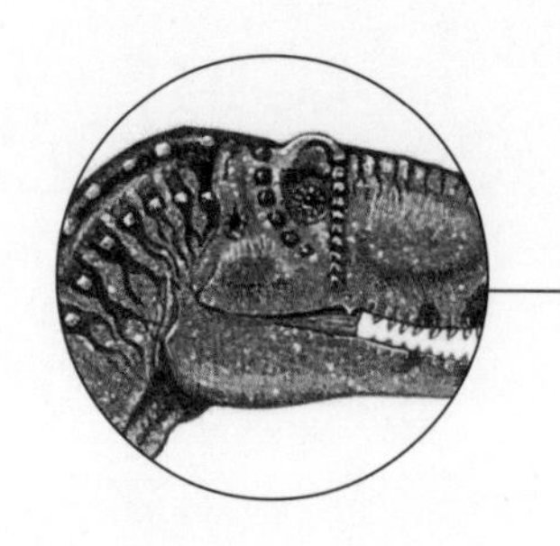

头骨

阿贝力龙的头骨长达 85 厘米，头骨中有像窗户一样的大开口（窗孔），可以减轻头骨的重量。

恐龙
白垩纪晚期

时间轴（数百万年前）

540	505	438	408	360	280	248	208	146	65	1.8 至今

恶灵龙

目 · 蜥臀目 · 科 · 驰龙科 · 属 & 种 · 蒙古恶灵龙

恶灵龙是以一个女妖命名的，这种恶灵可以变成各种形状。恶灵龙的出现意味着白垩纪晚期的蜥蜴和小型哺乳动物都要遭殃。

重要统计资料

化石位置：蒙古国

食性：食肉动物

体重：15 千克

身长：2 米

身高：70 厘米

名字意义：“阿达蜥蜴”，人们以传说中的恶灵给它命名

分布：已发现的两个恶灵龙标本都位于蒙古国的戈壁沙漠地区

化石证据

人们已经发现的两个恶灵龙标本都是不完整的。不过这些标本已经可以证明恶灵龙是一种虚骨龙类恐龙，而且是一种和鸟类关系密切的兽脚亚目恐龙，有些人分析后认为它更像真正的鸟类，而不像非鸟型恐龙。它的大小和狗差不多，非常聪明，反应灵敏，在智力和速度上都可以胜过更小的猎物。恶灵龙每只后脚的第二个趾头都有一个镰刀状的爪子，那个爪子可以像弹簧刀一样切进猎物的体内。恶灵龙的爪子比其他驰龙的更大，而它的头骨则比伶盗龙的更高，恶灵龙和伶盗龙很像。

羽毛

恶灵龙是一种驰龙，它至少有一部分的身体和尾巴会被羽毛覆盖。

爪子

趾爪是恶灵龙的杀戮武器，当它行动的时候，会将趾爪抬离地面，以免受到磨损。

恐龙
白垩纪晚期

时间轴（数百万年前）

540 | 505 | 438 | 408 | 360 | 280 | 248 | 208 | 146 | 65 | 1.8 至今

风神龙

目·蜥臀目·**科**·泰坦巨龙类·**属&种**·里奥内格罗风神龙

风神龙是一种食草恐龙，常见于白垩纪晚期的南半球。它们会成群活动，需要吃大量植物来维持庞大的身体。

重要统计资料

化石位置：阿根廷

食性：食草动物

体重：10吨

身长：15米

身高：未知

名字意义："埃俄罗斯的蜥蜴"，因为发现这种恐龙的地方经常刮风，所以人们以希腊和罗马的风神给它命名

分布：风神龙化石位于阿根廷内格罗河省的三个不同的岩石组地层

化石证据

根据已经发现的各种不完整骨架，我们知道风神龙是一种四足食草动物，它的脖子和尾巴都很长，可能生活在阿根廷的沼泽低地和沿岸平原处。风神龙甲胄碎片的直径约有15厘米，这说明它的背部至少有一部分会有骨板保护。它和其他蜥脚类恐龙的主要区别在于，它的尾椎上有朝前的刺。这说明风神龙的尾巴可以起到支撑作用，这样它就能靠后腿直立，从而够到更高的针叶树树枝。

小小的牙齿

风神龙会用小小的牙齿把植物咬断。由于它不能咀嚼，所以会将植物整个吞下。

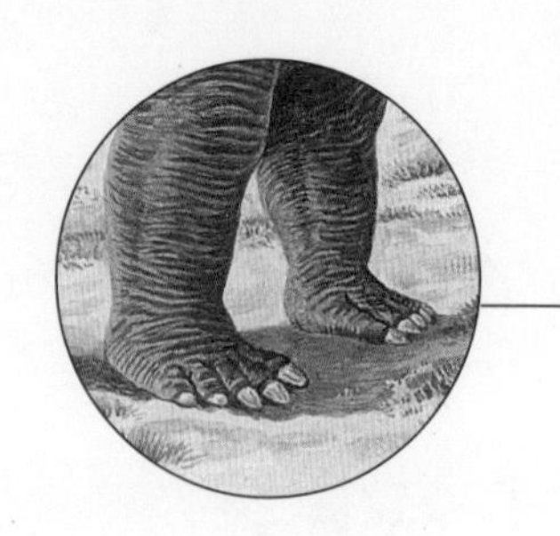

强壮的腿

风神龙的四条腿像柱子一样，十分强壮，大部分时间它都会靠四足站立，以支撑沉重的身躯。

恐龙
白垩纪晚期

时间轴（数百万年前）

540	505	438	408	360	280	248	208	146	65	1.8 至今

阿拉莫龙

目·蜥臀目·**科**·泰坦巨龙类·**属&种**·圣胡安阿拉莫龙

重要统计资料

化石位置：美国

食性：食草动物

体重：30 吨

身长：16 米

身高：6 米

名字意义："白杨山的蜥蜴"，因为人们第一次发现阿拉莫龙化石是在白杨山交易所附近。阿拉莫在西班牙语中的意思是白杨

分布：自 1922 年开始，人们就陆续在美国新墨西哥州、犹他州和得克萨斯州发现了阿拉莫龙化石

化石证据

目前我们发现了许多阿拉莫龙的骨架碎片和骨头，但还没有发现它的头骨，这说明阿拉莫龙的分布相当广，而且相当繁多。阿拉莫龙最好的标本是未成年个体的标本，我们就是根据这些标本来推测它成年后的尺寸的。阿拉莫龙是体形巨大的草食动物，它们可能会成群行动，会从高高的树上咬下树叶，然后在胃石（吞下小石子）的帮助下将肚子里的树叶消化。阿拉莫龙会和掠食性的暴龙以及其他兽脚亚目恐龙分享领地，而且它可能是最后灭绝的非鸟型恐龙之一。

恐龙
白垩纪晚期

几百万年来，北美洲都没有兽脚亚目恐龙的痕迹。后来由于阿拉莫龙的祖先通过巴拿马地峡，从南美洲来到了北美洲，并且在该地繁衍兴盛，所以阿拉莫龙化石才会在白垩纪晚期出现。有人估测当时仅在得克萨斯州就生活着 35 万只阿拉莫龙。

身高优势

阿拉莫龙在美国南部非常兴盛，那是因为它能够碰到很高的树叶，在当时温暖的环境中，树木可以长到 27 米高。

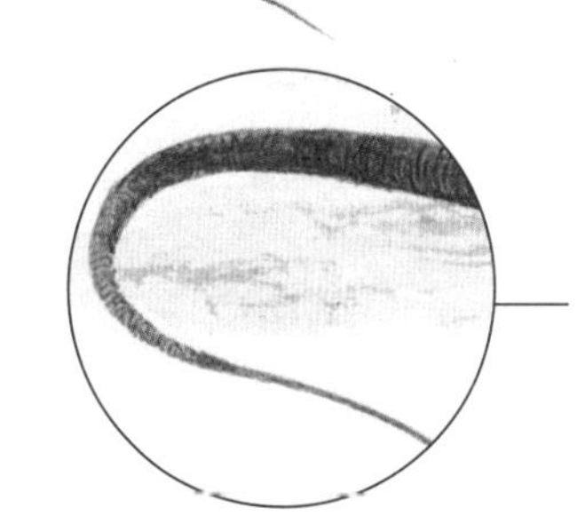

尾巴

阿拉莫龙的尾巴可能像鞭子一样，可以用来威慑捕食者。阿拉莫龙的身上可能还有一些甲胄。

时间轴（数百万年前）

540	505	438	408	360	280	248	208	146	65	1.8 至今

阿尔伯塔龙

目 · 蜥臀目 · 科 · 暴龙科 · 属 & 种 · 肉食阿尔伯塔龙

阿尔伯塔龙是一种兽脚亚目恐龙，与暴龙是近亲，不过暴龙要等到几百万年后才出现。阿尔伯塔龙差不多是暴龙体形的一半，它跑得很快，奔跑速度可能可以达到每小时 40~48 千米。

重要统计资料

化石位置：北美洲

食性：食肉动物

体重：1.3~1.7 吨

身长：9 米

身高：到臀部的高度为 3.4 米

名字意义："阿尔伯塔的蜥蜴"，因为它是在加拿大的阿尔伯塔被发现的

分布：人们在加拿大以及美国西部的蒙大拿州和怀俄明州发现了阿尔伯塔龙化石

化石证据

由于人们在同一地点发现了各种阿尔伯塔龙化石，既有两岁的幼龙，也有 28 岁的成年龙，所以一些古生物学家认为阿尔伯塔龙是成群狩猎的，可能以家庭为单位，速度较快的年轻的龙可以将猎物赶向体形更大、行动更缓的年长恐龙。阿尔伯塔龙的前肢上有两个指爪，由于它的短前肢连嘴都碰不到，并没有什么用，因而阿尔伯塔龙会张大了嘴巴去攻击猎物。阿尔伯塔龙的嗅觉可能非常灵敏，因此它可以通过味道去寻找猎物以及动物的尸体。

颌部

阿尔伯塔龙的下颌有 14~16 颗锯齿状牙齿，上颌有 17~19 颗牙齿。每一颗牙齿下方都长有一颗新牙，可以随时替换断裂或过度磨损的旧牙。

眼睛

虽然阿尔伯塔龙的身体结构和暴龙很像，但它的眼睛更多地是朝两侧看的，所以很难判断距离远近。

恐龙
白垩纪晚期

时间轴（数百万年前）

540	505	438	408	360	280	248	208	146	65	1.8 至今

独龙

目 · 蜥臀目 · 科 · 暴龙科 · 属 & 种 · 奥氏独龙

独龙是已知最古老的暴龙科恐龙之一，它比暴龙早出现了差不多 2000 万年。

重要统计资料

化石位置：蒙古国

食性：食肉动物

体重：1.5 吨

身长：5 米

身高：未知

名字意义：“独身的蜥蜴”，因为一开始人们认为它和其他恐龙都不一样

分布：目前人们只在蒙古国的戈壁区域发现了独龙化石

化石证据

1923 年，人们第一次发现了独龙化石。根据在附近发现的骨头，人们认为独龙的胳膊很长，后来才知道原来那些骨头是属于慢龙的。独龙也终于在复原图中变成了暴龙科恐龙应有的直立形态，头很大，腿很强壮，前肢很小，而且尖尖的尾巴比较僵硬。不过它的体形只有后来出现的暴龙的一半，而且它的头更小，身体更细长。

牙齿

独龙的主要武器是牙齿，这些牙齿虽然短，却极其锋利，独龙很可能会用牙齿去袭击猎物。

后肢

与它的那些近亲相比，独龙的后肢又细又长，因此它可能会更轻一些，但同时也没有那么强壮。

恐龙
白垩纪晚期

时间轴（数百万年前）

540 | 505 | 438 | 408 | 360 | 280 | 248 | 208 | 146 | 65 | 1.8 至今

分支龙

目 · 蜥臀目 · 科 · 暴龙科 · 属 & 种 · 遥远分支龙

重要统计资料

化石位置：蒙古国

食性：食肉动物

体重：1.8 吨

身长：5~6 米

身高：2 米

名字意义："不同的分支"，因为它是从其他暴龙科恐龙演化过来的

分布：20 世纪 70 年代早期，人们在蒙古国的戈壁沙漠发现了目前唯一的分支龙化石

化石证据

由于目前只发现了一些分支龙颌部的骨头、一些头骨碎片和三个趾骨，而且这些化石可能只是一只幼龙留下的，所以我们很难准确描述这种恐龙。分支龙的鼻子上长有四个骨质瘤，另外眼睛上方也有两个骨质瘤。这些骨质瘤很小，无法起到防御作用，很可能只用于展示。有人推测只有雄性分支龙才有这些骨质瘤。分支龙和特暴龙都是生活在亚洲的暴龙科恐龙。

分支龙是暴龙科恐龙的一个分支，我们对它知之甚少，但我们知道它和其他暴龙非常不一样，因为它体形更小，而且牙齿更多。

头骨

分支龙的头骨长达 45 厘米，嘴中长有 76 或 78 颗牙齿，远远多于其他任何暴龙科恐龙，但是它的颌部比较弱，所以其他暴龙的咬合力会比它强。

口鼻部

口鼻部上长着一个十分明显的骨质突起，这个突起可以起到展示作用，或许可以在分支龙仪式性的相互撞头时起到作用。

恐龙
白垩纪晚期

时间轴（数百万年前）

540 | 505 | 438 | 408 | 360 | 280 | 248 | 208 | 146 | 65 | 1.8 至今

阿瓦拉慈龙

目 · 蜥臀目 · 科 · 阿瓦拉慈龙科 · 属 & 种 · 卡氏阿瓦拉慈龙

阿瓦拉慈龙是一种让古生物学家很头疼的动物。有时它会被分类为非鸟型恐龙，有时它会被分类为不能飞行的早期鸟类。这说明它可能是这两类动物之间的重要环节。

重要统计资料

化石位置：阿根廷

食性：食肉动物

体重：20 千克

身长：2 米

身高：1.4 米

名字意义："阿瓦拉慈的蜥蜴"，是为了纪念阿根廷历史学家格雷戈里奥·阿瓦拉慈

分布：人们在阿根廷内乌肯省的巴乔德拉卡帕组地层发现了阿瓦拉慈龙化石

化石证据

这种动物非常奇特，我们还没有发现它完整的头骨和前肢，因此给它分类很困难。阿瓦拉慈龙的腿细长，脚也很长，前肢很短，尾巴扁平而细长，占据了身体长度的一半以上。它的长脖子呈 S 状，非常灵活，头骨很小，较小的牙齿没有锯齿状边缘。虽然阿瓦拉慈龙不能飞行，但行动很快，而且十分敏捷。

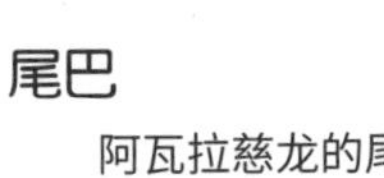

尾巴

阿瓦拉慈龙的尾巴特别长，与一些行动敏捷的现代蜥蜴很像。

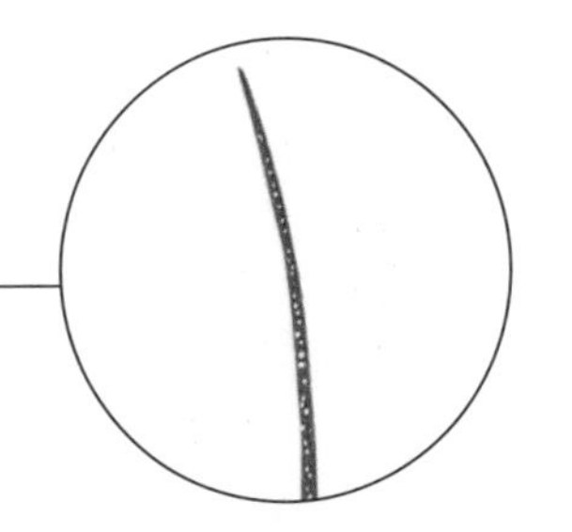

结实的身体

因为阿瓦拉慈龙的背上没有棘刺，所以它像鸟类一样，身体十分结实，背部没有任何突起。

恐龙
白垩纪晚期

时间轴（数百万年前）

540 | 505 | 438 | 408 | 360 | 280 | 248 | 208 | 146 | 65 | 1.8 至今

大鸭龙

目·鸟臀目·**科**·鸭嘴龙科·**属&种**·科氏大鸭龙，长头大鸭龙

重要统计资料

化石位置：美国

食性：食草动物

体重：7.3吨

身长：10米

身高：到臀部的高度为2.5米

名字意义："大鸭子"，因为它的喙状嘴十分宽大

分布：人们在美国西部的南达科他州和蒙大拿州发现了大鸭龙化石

化石证据

人们至少已经发现了五个相对完整的大鸭龙化石标本。1904年，有人用一把左轮手枪交换了一个大鸭龙标本。大鸭龙是最后一批进化的鸭嘴龙之一，和它的亲戚相比，它的头骨更大更长（最长可达1.1米）。一些古生物学家认为大鸭龙的头骨在保存过程中被压碎了，人们发现的头骨实际上属于埃德蒙顿龙。它的眼睛上方有瘤状物，但是没有冠状物。将它描述成"鸭子"其实是不准确的：它的口鼻部其实和马更像，而且它的嘴巴可能没有鸭子的嘴巴那么敏感。

鸭嘴龙科恐龙都有鸭子一样的嘴巴，但是在众多鸭嘴龙科恐龙中，大鸭龙的嘴巴又宽又平，最像鸭嘴。由于大鸭龙行动十分缓慢，而且几乎没有什么防御机制，所以它应该需要一些灵敏的感官来躲避捕食者。

没有牙齿的喙

大鸭龙的喙上没有牙齿，但在喙的后面有720颗颊齿，颊齿排成许多排，用来磨碎食物。

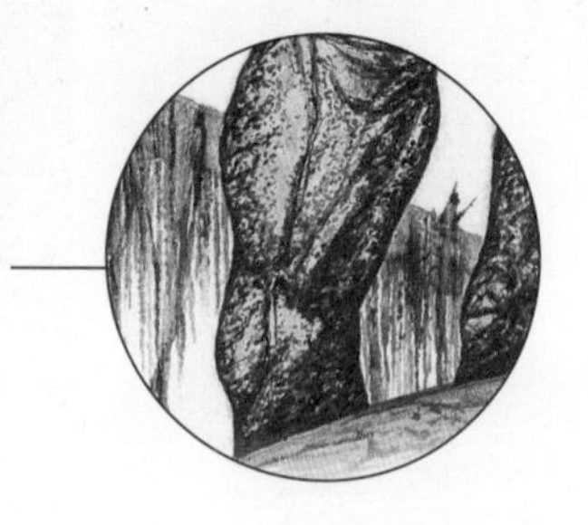

四肢

大鸭龙在觅食时很可能会用四肢运动，但当它想移动得更快一些时，可能会依靠两条后腿直立，每条后腿长有三个蹄状脚趾。

恐龙
白垩纪晚期

时间轴（数百万年前）

540	505	438	408	360	280	248	208	146	65	1.8至今

准角龙

目·鸟臀目·**科**·角龙科·**属&种**·华丽准角龙

准角龙是最罕见的开角龙亚科恐龙之一，这些高度进化的角龙长着三个角，喙像鹦鹉的喙，还有头盾。准角龙会成群行动，并将植物连根拔起。它们会时刻注意暴龙的行踪，因为暴龙可以咬穿它们的革质兽皮。

重要统计资料

化石位置：加拿大

食性：食草动物

体重：2470 千克

身长：4.5~6 米

身高：2.6 米

名字意义："近似有角的面庞"，因为一开始人们认为它和尖角龙的关系很近。尖角龙是另一种有角的恐龙

分布：目前，人们只在加拿大阿尔伯塔的马蹄峡谷组地层和恐龙公园组地层发现了准角龙化石

化石证据

人们已经发现了六块准角龙的头骨，而且认为准角龙身体的其他部分和别的角龙是一样的。所有标本都是在海洋沉积物附近被发现的，这说明准角龙生活在河口地区，和它的那些角龙亲戚离得比较远。准角龙的颈部头盾非比寻常，头盾非常大，而且边缘有三角形的骨质突起，可能起到防御或展示作用，或许也被用于调节体温或者支撑它的大脖子和咬肌。准角龙的头骨上长着两个大角和一个小角。

颈部头盾

准角龙最突出的特点就是它的长方形头盾，它的头盾会组成扇形，顶部有六个朝后的尖。颈部头盾下面长着两个弯曲的角。

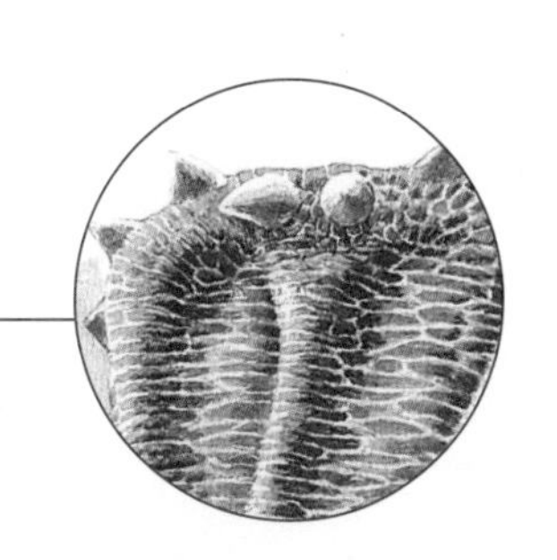

强壮的喙

准角龙的喙又大又强壮，可用于咬断长在低处的植物，可能主要是针叶树、苏铁植物和蕨类植物，但也有可能是当时刚刚进化出来的开花植物。

恐龙
白垩纪晚期

时间轴（数百万年前）

540 | 505 | 438 | 408 | 360 | 280 | 248 | 208 | 146 | 65 | 1.8 至今

似鹅龙

目·蜥臀目·科·似鸟龙科·属＆种·扁爪似鹅龙

之所以叫似鸟龙，是因为这种恐龙的腿很长，而且不能飞，这些特征和鸵鸟很像。实际上，似鸟龙的头骨更像那些已经灭绝了的新西兰陆生鸟类。似鹅龙是一种前肢非常强壮的似鸟龙科恐龙。

重要统计资料

化石位置：蒙古国

食性：杂食动物

体重：62 千克

身长：1 米

身高：未知

名字意义：“鹅的模仿者”，名字来自于鹅。人们习惯于用各种鸟类的名字来命名似鸟龙科恐龙

分布：人们在蒙古国的纳摩盖吐组地层发现了似鹅龙的标本

化石证据

目前我们只发现了似鹅龙不完整的前肢碎片以及后肢的碎片。根据这些碎片，我们知道似鹅龙和其他似鸟龙科动物有一些不同之处。它的爪子又长又直，而且它的前肢更加强壮，并且可以让大肌肉附着在上面。这说明似鹅龙会通过挖地来获取食物，可能是昆虫、恐龙蛋，甚至是植物根部（一些古生物学家认为似鹅龙既吃肉，也吃植物）。似鹅龙的小腿骨和脚都很长，因此它可以跑得很快，而且很可能只能通过逃跑来躲避攻击。

恐龙
白垩纪晚期

时间轴（数百万年前）

540 | 505 | 438 | 408 | 360 | 280 | 248 | 208 | 146 | 65 | 1.8 至今

南极龙

目·蜥臀目·**科**·南极龙科·**属&种**·威施曼氏南极龙

重要统计资料

化石位置：南美洲，印度也有可能分布

食性：食草动物

体重：34 吨

身长：18 米

身高：6 米

名字意义："北方相反区域的蜥蜴"，因为这种动物是在南半球被发现的

分布：人们在阿根廷发现了南极龙化石，另外在印度可能也有发现

化石证据

我们上面写的数据比较保守。第一次发现的南极龙化石是支离破碎的，而且可能并不属于同一只动物。稍后的发现更是争议不断，其中一根大腿骨长达 2.35 米，长度是另一块骨头长度的两倍，如此南极龙可能是有史以来最大的陆地动物。不过这个发现存在争议。南极龙是极少数发现了头骨的蜥脚类恐龙之一。它的头有 60 厘米长，头上长着大大的眼睛，颌部的前面长着一些钉子状牙齿。

恐龙
白垩纪晚期

南极龙是南美洲最大的蜥脚类恐龙之一，是南半球分布最广的恐龙之一。它的腿很长，可以用来支撑笨重的身体。

牙齿

南极龙是一种食草动物，前颌长有一些脆弱的钉子状牙齿，可以用来咬断植物，但并不能咀嚼。

身体

南极龙笨重的身体中可能会有胃石（吞下的小石子），会帮助它压碎和研磨大量纤维植物。

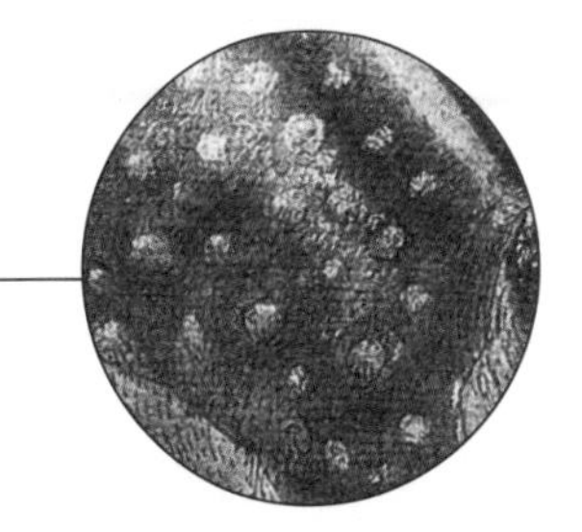

时间轴（数百万年前）

540	505	438	408	360	280	248	208	146	65	1.8 至今

咸海龙

目·鸟臀目·**科**·鸭嘴龙科·**属&种**·突吻咸海龙

仅发现化石局部会让研究面临很多挫折，挫折之一是难以对动物识别和分类。根据发现的咸海龙头骨后半部分，我们知道咸海龙是一种鸭嘴龙。但还是有很多疑问。

重要统计资料

化石位置：哈萨克斯坦

食性：杂食动物（可能是食肉动物）

体重：5 吨

身长：6~9 米

身高：未知

名字意义："咸海蜥蜴"，因为它是在咸海附近被发现的

分布：咸海龙化石位于哈萨克斯坦的咸海附近

化石证据

目前尚未发现咸海龙的骨架，只发现了一块既没有下颌也没有口鼻部前部的头骨。根据已发现的头骨，我们知道咸海龙在眼睛前面有一个鼻突，这个鼻突弯曲得很厉害，而且比其他鸭嘴龙的鼻突要发达得多。咸海龙的鼻突高而宽，鼻突下方长着巨大的鼻孔。有些人认为这个鼻突像气球一样，可以给松弛的皮肤充气，这样咸海龙就能发出响亮的声音，以向捕食者发出警告，或是向异性发出邀请。

鼻突

当雄性咸海龙在争夺食物或雌性咸海龙时，它们会相互撞头决斗，这时鼻突可以被当作武器。

牙齿

咸海龙有特别多的牙齿：每只咸海龙有 30 排牙齿。

恐龙
白垩纪晚期

时间轴（数百万年前）

540	505	438	408	360	280	248	208	146	65	1.8 至今

古似鸟龙

目 · 蜥臀目 · 科 · 似鸟龙科（存在争议）· 属 & 种 · 亚洲古似鸟龙

古似鸟龙是似鸟龙的祖先，似鸟龙是一种更为人所知的似鸟龙科恐龙。古似鸟龙和似鸟龙都是兽脚亚目恐龙，它们都像鸟类一样，骨架很轻，四肢细长，因此既能快速寻找食物，也能迅速躲避天敌。

重要统计资料

化石位置：中国和哈萨克斯坦

食性：杂食动物（可能是食肉动物）

体重：50 千克

身长：3.4 米

身高：1.8 米

名字意义："古老的似鸟龙"。人们一开始称它为"似鸟龙"，但后来发现它其实是似鸟龙的原始祖先

分布：人们在中国的内蒙古和哈萨克斯坦都发现了古似鸟龙化石

化石证据

根据已经发现的两块化石，我们知道古似鸟龙是一种行动迅速的野兽。因为相较于它的大腿骨来说，它的小腿骨和腓骨很长，所以它的腿是加长了的。通过分析它脚印之间的距离，我们发现这种恐龙的奔跑速度可达 70 千米 / 小时。它身体很轻，行动敏捷，当它冲刺时，长长的尾巴可以帮助保持平衡。有时古似鸟龙会被描述成食肉动物，但其实可能是杂食动物，既吃小型哺乳动物，也吃植物、水果和蛋。

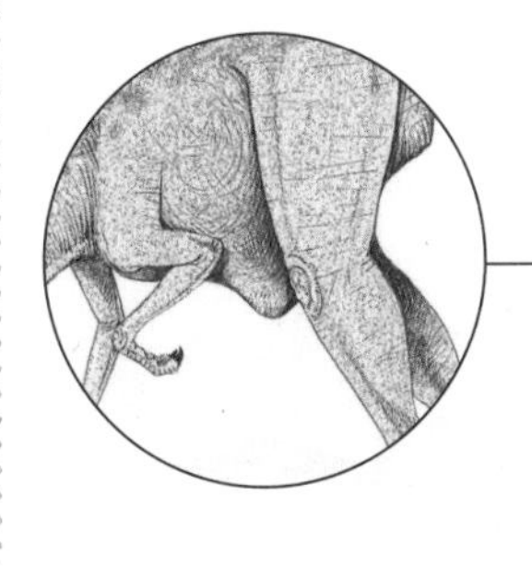

平衡的身体

古似鸟龙的身体很平衡，它的头很小，脖子很长，身体修长，四肢细长。它可以快速转弯。

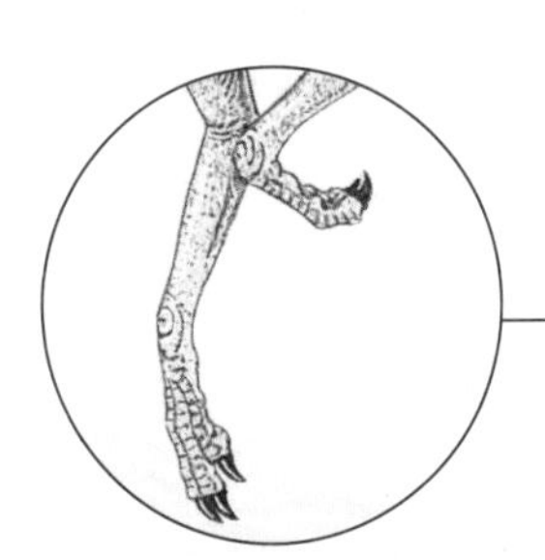

三个爪子

古似鸟龙的三个指上都长着笔直的爪子，它可能会用这些爪子来抓住小型哺乳动物或挖蛋。

恐龙
白垩纪晚期

时间轴（数百万年前）

540	505	438	408	360	280	248	208	146	65	1.8 至今

无鼻角龙

目 · 鸟臀目 · **科** · 角龙科 · **属 & 种** · 小脸无鼻角龙

无鼻角龙这个名字其实很有误导性，之所以取这个名字是因为当人们在1925年发现它时，认为它没有鼻角，直到20世纪70年代，人们才发现这种想法是错误的。无鼻角龙是最后一批有着较长头盾的角龙之一。

重要统计资料

化石位置：加拿大

食性：食草动物

体重：3.5吨

身长：6米

身高：2.1米

名字意义："没有鼻角的脸庞"，这来自对它的描述，但这个描述是错误的

分布：人们在加拿大阿尔伯塔的马蹄峡谷组地层发现了无鼻角龙化石

化石证据

目前我们只发现了一块无鼻角龙的头骨化石。由于许多无鼻角龙化石都被压碎或已变形，因此很难辨明它骨头的形态，所以对无鼻角龙头骨以外的其他身体部位的复原，是依据其他高度发展的角龙进行的猜测。无鼻角龙有一个宽大的颈部头盾，另外它还有两个长长的眉角以及一个又短又钝的鼻角，不过一开始人们并没有发现那个鼻角。它的头骨长达1.5米，而且与同类型的其他恐龙相比，它的脸其实是比较短的。

喙

无鼻角龙的喙是没有牙齿的，这个特征在角龙中十分常见，这可能与角龙独特的饮食习惯有关。

颈部头盾

无鼻角龙的颈部头盾上有两个开口，可以减轻其重量，而且也便于无鼻角龙将头低下或者晃动头盾威吓捕食者。

恐龙
白垩纪晚期

时间轴（数百万年前）

540	505	438	408	360	280	248	208	146	65	1.8 至今

后弯齿龙

目 · 蜥臀目 · 科 · 暴龙科 · 属 & 种 · 后弯齿龙

重要统计资料

化石位置：北美洲、中国

食性：食肉动物

体重：80 千克

身长：4.5 米

身高：1.7 米

名字意义："后侧平滑的牙齿"，可能因为它的门牙边缘向后弯曲

分布：人们在中国、加拿大西部以及美国的许多州都发现了后弯齿龙化石

化石证据

1868 年，人们根据一颗像是食肉动物的牙齿，将这种动物命名为后弯齿龙。那颗牙齿的形状很特别，它的横截面像字母 D 一样。后弯齿龙这个名字源自希腊语，人们是基于当时一些不准确的书本信息，才取了这样一个令人困惑的名字。那颗牙齿已经不见了，但是从那时起，人们就发现了一些类似的牙齿和一个部分头骨。据此就有了两种说法，一种说法是，这说明后弯齿龙是一种常见的白垩纪晚期捕食者，它的体形很小，而且较为原始；另一种说法是，那种牙齿其实属于另一种典型的暴龙科幼龙，所以后弯齿龙并不能单独被视为一个物种。

恐龙
白垩纪晚期

后弯齿龙的故事其实反映了人们认识恐龙的进程：早期人们非常疯狂，可以仅凭一颗牙齿就命名一个新的恐龙属，但是随着古生物学家对恐龙的认识越来越深入，一些早期的描述可能会受到质疑。

牙齿

因为许多暴龙科恐龙的牙齿状况都很好，所以有人认为它们会以动物尸体为食，而不会直接去捕食猎物。

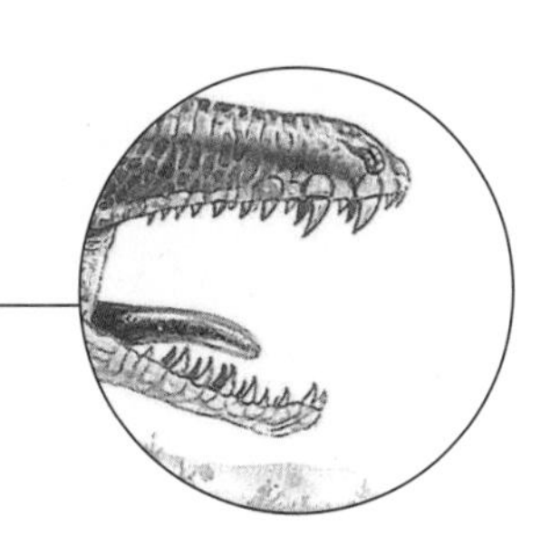

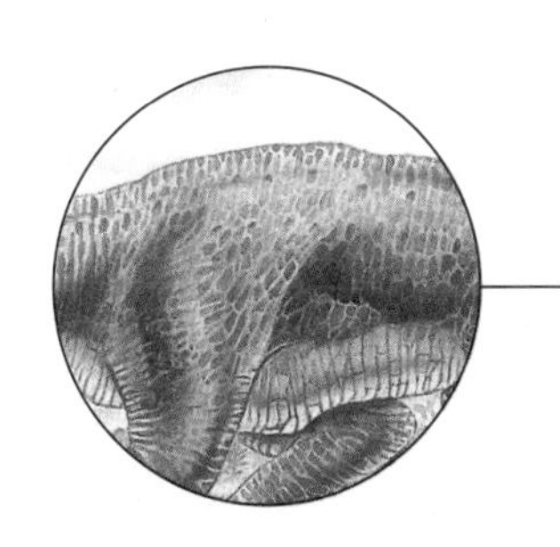

体形

暴龙是后弯齿龙的表亲，它们的身体形态特别像，另外后弯齿龙的体长差不多是暴龙的三分之一。

时间轴（数百万年前）

540	505	438	408	360	280	248	208	146	65	1.8 至今

爱氏角龙

目 · 蜥臀目 · 科 · 角龙科 · 属 & 种 · 拉莫斯爱氏角龙

爱氏角龙是最小的角龙之一。它的脸部周围长有骨质头盾，而且鼻子上长着一个角。它可能会成群行动，以长在低处的植物为食。

重要统计资料

化石位置：美国

食性：食草动物

体重：1200 千克

身长：2~4 米

身高：1.3 米

名字意义：“爱氏有角的脸庞”，取名于这种恐龙的发现者埃迪·科尔的妻子的名字

分布：人们在朱迪思河组地层发现了爱氏角龙化石，该地层位于美国西北部的蒙大拿州

化石证据

我们已经发现了一具几乎完整的未成年的爱氏角龙骨架，不过那具骨架中缺少了头骨的顶部，而爱氏角龙的角髓就在头顶处。爱氏角龙看上去和三角龙很像，只是它没有那一对角，而且和三角龙一样，头盾上也没有能够减轻重量的开口（窗孔），可是其他角龙的头盾上都会有这样的开口，因此爱氏角龙可能是三角龙的近亲。

头盾

爱氏角龙的头盾又短又厚。由于头盾上没有能够减轻重量的开口，所以可能很沉。

喙

爱氏角龙的无齿喙很强壮，而且十分锋利。它会用喙来搜集食物，然后用剪刀般的颊齿将食物咬碎。

恐龙
白垩纪晚期

时间轴（数百万年前）

540 | 505 | 438 | 408 | 360 | 280 | 248 | 208 | 146 | 65 | 1.8 至今

弱角龙

目·鸟臀目·**科**·原角龙科·**属&种**·罗氏弱角龙

重要统计资料

化石位置：蒙古国

食性：食草动物

体重：22 千克

身长：1 米

身高：50 厘米

名字意义："小小的有角的脸庞"，因为它比其他恐龙亲戚小一些

分布：所有弱角龙化石都被保存在了蒙古国沙漠的砂岩中

化石证据

我们已经发现了 5 块完整的弱角龙头骨以及 17 个头骨碎片，其中既有幼龙化石，也有成年龙化石，因此古生物学家可以清晰地描绘它的外貌和生长轨迹。它和一头猪差不多大，而且脖子周围长着一个三角形的头盾。弱角龙生活在沙漠中，很可能是成群行动，而且会用锋利的无齿喙将低处植物连根拔起。弱角龙可能无法依靠后腿直立。弱角龙的鼻子上长着一个小小的骨质瘤，但是它的近亲并没有角。

恐龙
白垩纪晚期

弱角龙似乎是一种更小、更原始的原角龙，但它不可能是原角龙的祖先，因为它的出现时间比原角龙更晚，所以它们只是相像而已。

牙齿

弱角龙的嘴巴两边各长着 10 颗牙齿，可以用来磨碎食物。每当一颗牙齿折断了，就会有一颗新牙长出来替代旧牙，所以它根本不用担心牙齿断裂。

骨质瘤

弱角龙的脸上有一个骨质瘤，在后来出现的角龙（如尖角龙和三角龙）的脸上，那个骨质瘤已经进化成了角。

时间轴（数百万年前）

540	505	438	408	360	280	248	208	146	65	1.8 至今

无聊龙

目 · 蜥臀目 · 科 · 伤齿龙科 · 属 & 种 · 细脚无聊龙

路易斯 · 卡罗曾在一篇名为《杰伯沃基》的荒诞诗歌中写道："一切扭捏作态都是这种无聊鸟。"人们根据那句诗，将这种恐龙命名为无聊龙。由于无聊龙化石实在太少了，所以这个名字也算增加了我们对它们的认识。

重要统计资料

化石位置：蒙古国

食性：食肉动物

体重：13 千克

身长：2 米

身高：70 厘米

名字意义："无聊龙"，取名于路易斯 · 卡罗在诗歌《杰伯沃基》中虚构的"无聊鸟"

分布：无聊龙的所有化石都是在蒙古国被发现的

化石证据

由于目前只发现了无聊龙的部分腿骨和一只脚的化石，所以我们关于它的大部分知识都是基于蜥鸟龙和鸵鸟龙的研究，无聊龙和这两种恐龙很像，而且它们都是在同一个地点被发现的。一些古生物学家认为它们其实就是同一种动物。无聊龙是一种骨架较轻的兽脚亚目恐龙，腿又长又结实，比蜥鸟龙的腿细多了。它的每只脚上都长着一个像镰刀一样的爪子。无聊龙的爪子比其他伤齿龙科恐龙的爪子更小、更直，可能是随着伤齿龙科恐龙的进化，这些爪子也随之变小了。

有羽毛的尾巴

无聊龙和鸟类很像，所以它的部分身体和尾巴可能有羽毛覆盖。

纤细的趾头

无聊龙的趾头十分纤细，这说明它的四肢都很细长，因此可以快速奔跑。由于它的大脑很大，所以应该和其他伤齿龙一样，思维十分敏捷。

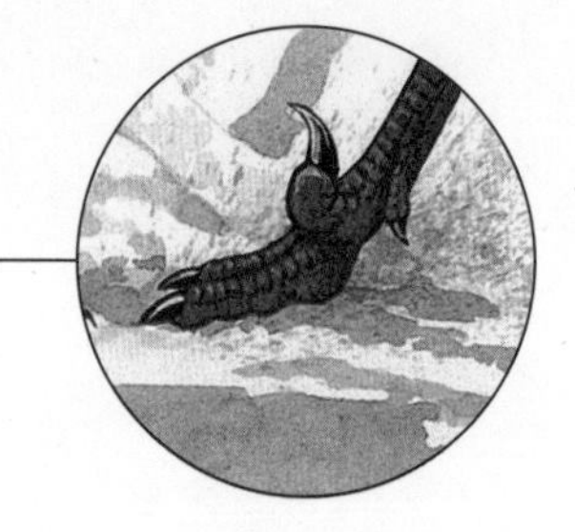

恐龙
白垩纪晚期

时间轴（数百万年前）

540	505	438	408	360	280	248	208	146	65	1.8 至今

短角龙

目·鸟臀目·科·角龙科·属&种·蒙大拿短角龙

重要统计资料

化石位置：北美洲

食性：食草动物

体重：未知

身长：最长可达 4 米

身高：未知

名字意义：“长着短角的头”，有此名是为了描述它的头部特征

分布：人们第一次发现短角龙化石是在美国蒙大拿州的双麦迪逊组地层，后来人们在加拿大的阿尔伯塔也发现了一些短角龙化石

化石证据

1913 年，人们第一次发现了短角龙化石，当时 5 只短角龙的化石碎片都混在了一起，每只短角龙都差不多有 1.5 米长。它们的角并没有和头骨融合在一起，这说明它们尚未成年。我们很难根据这些未成年标本去推测成年龙的体形。它的脸很短，而且头骨后面的头盾也很短。大部分成年角龙的头盾都会有能够减轻重量的开口，但是这些幼年短角龙并没有。一些专家认为这些化石其实是另一种角龙的幼崽。

恐龙
白垩纪晚期

古生物学家在同一地点同时发现了 5 只幼龙化石，这让他们既兴奋又困惑。这些幼龙成年之后会长成什么样？它们会不会是我们已知的某种恐龙的幼崽呢？

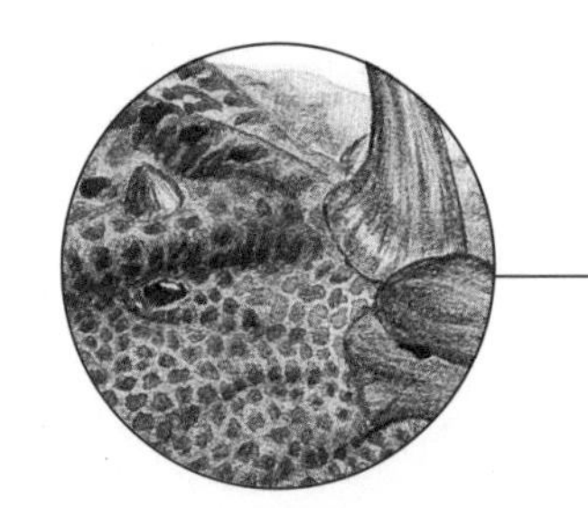

头骨

短角龙头骨的眼睛上方有一些小突起，这些突起和诸如三角龙这样的更为人所知的角龙的角是不一样的。

头盾

头盾的作用之一就是可以让这种动物看起来更大一些，这样或许可以使它避免遭受攻击，所有角龙的头盾都具备这个作用。

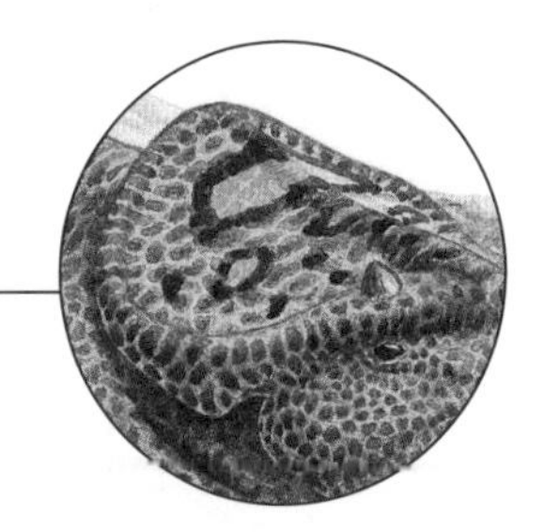

时间轴（数百万年前）

540	505	438	408	360	280	248	208	146	65	1.8 至今

短冠龙

目 · 鸟臀目 · 科 · 鸭嘴龙科 · 属 & 种 · 加拿大短冠龙

重要统计资料

化石位置：北美洲

食性：食草动物

体重：1.3~2.7 吨

身长：7 米

身高：2.8 米

名字意义："短短的有冠蜥蜴"，得名于它特别的冠

分布：短冠龙的化石和其他遗骸都来自于美国蒙大拿州的朱迪思河组地层和加拿大阿尔伯塔的老人组地层

化石证据

2000 年，人们发现了短冠龙的木乃伊，但是在这之前，人们就已经知道它是一种有角的恐龙了。那只短冠龙木乃伊大约有 80% 的皮肤和肌肉都是完整的，同时它的肚子里有许多半消化的食物残渣，其中包括了 40 种不同类型的植物以及一些常绿植物。这只未成年恐龙可能是被困在了沙洲中，然后由于空气炎热干燥，所以自然地变成了木乃伊，最后被埋在了沙子里。人们在研究短冠龙的其他化石时，发现它居然很容易长肿瘤。

恐龙
白垩纪晚期

2000 年，人们在美国蒙大拿州的砂岩中发现了一只幼年短冠龙的木乃伊，这是当年最为杰出的恐龙发现之一。这个木乃伊展示出了这只短冠龙的皮肤、肌肉，甚至还有它最后一餐吃的食物。

喙

短冠龙上颌的喙比其他鸭嘴龙的都宽，前肢也更长一些。

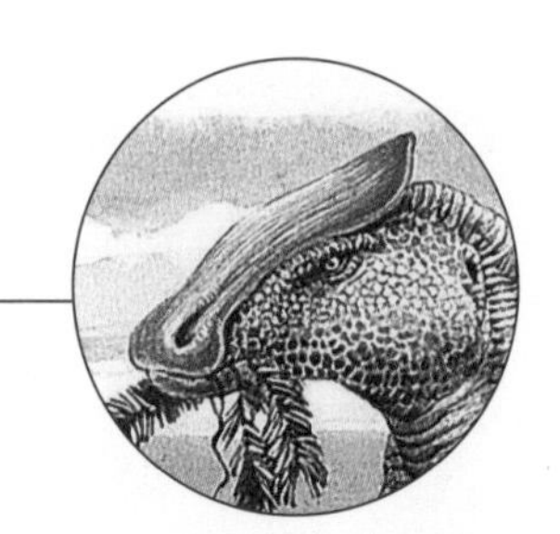

冠

短冠龙的眼睛上方长着一个冠，那个冠又宽又平，上面还有一个刺。刺是实心的，可能会在短冠龙的撞头竞赛中起到作用。

时间轴（数百万年前）

540	505	438	408	360	280	248	208	146	65	1.8 至今

尖角龙

目·鸟臀目·**科**·角龙科·**属&种**·腔盾尖角龙，布玛尼尖角龙

大量尖角龙的骨骼化石都是在一起被发现的，说明这种角龙会结成庞大的队伍行动，这可能是为了抵御捕食者。

重要统计资料

化石位置：加拿大

食性：食草动物

体重：3吨

身长：6米

身高：3.5米

名字意义："有尖刺的蜥蜴"，因为它的头盾周围长着弯曲的角

分布：人们在加拿大阿尔伯塔的红鹿河流域和恐龙省立公园发现了尖角龙化石

化石证据

因为尖角龙的头盾上有两个朝向内侧的钩状尖角，所以人们给它取了这样的名字。当初取名时，人们还没有发现它鼻子上的那个大角，这个角有时是笔直的，有时是弯曲的，而且最长可达46厘米。由于它的头盾上长着锋利的钩状尖刺，所以当它遭到攻击时，这些尖刺可以在攻击者身上造成严重的伤口。人们在阿尔伯塔的恐龙省立公园发现了巨大的骨层，在这个骨层形成之前，可能曾有一大群尖角龙试图过河，结果却全被洪水淹死了。

头盾

尖角龙的头盾上有洞孔，既可用来减轻其重量，也可附着强壮的颌部肌肉。由于尖角龙会吃长在低处的植物，所以它必须有这样的肌肉。

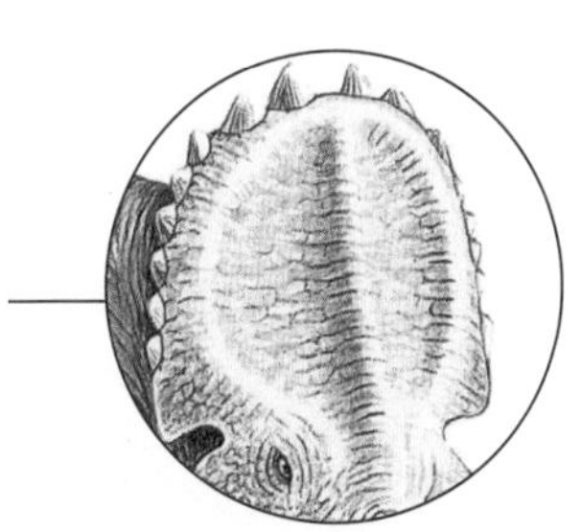

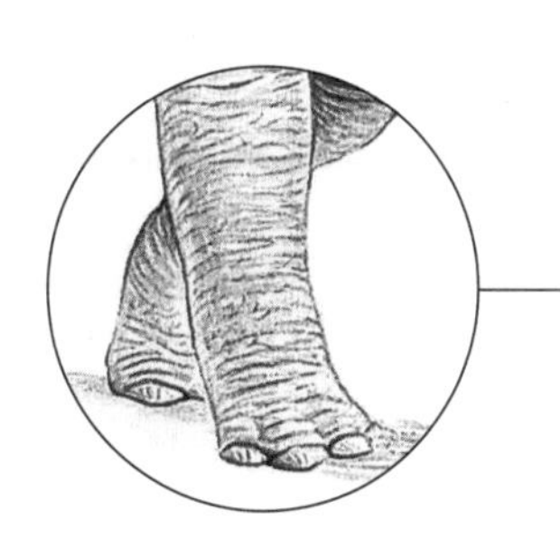

有蹄四肢

一般认为尖角龙的四肢很结实，而且它长着蹄状脚。

恐龙
白垩纪晚期

时间轴（数百万年前）

540	505	438	408	360	280	248	208	146	65	1.8 至今

开角龙

目·鸟臀目·**科**·角龙科·**属&种**·在开角龙属内有众多物种

重要统计资料

化石位置：加拿大、美国

食性：食草动物

体重：3.6 吨

身长：5~6 米

身高：3 米

名字意义：“有开口的蜥蜴”，因为它的头盾上有开口

分布：从加拿大的阿尔伯塔到美国的得克萨斯州都分布着开角龙化石

化石证据

开角龙是一种很常见的角龙，它们会成群行动。它最突出的特点就是有一个巨大的头盾，头盾差不多有 1.4 米长，1 米宽。虽然头盾看起来很吓人，但可能起不到什么实际的防御作用，或许仅对展示和调节体温发挥较重要的作用。开角龙的脸上有三个角：两个较大的眉角和一个短而宽的鼻角。

开角龙巨大的头盾究竟有什么用？那个头盾可以让开角龙看起来更可怕一些，尤其是当它面对攻击者的时候，但是那个头盾实在是太脆弱了，以至于根本无法为它提供什么实质性的保护。

眉角

一些开角龙的标本上有长长的眉角，另一些标本上的眉角会短一些，或许雄性开角龙的眉角会更长一些。

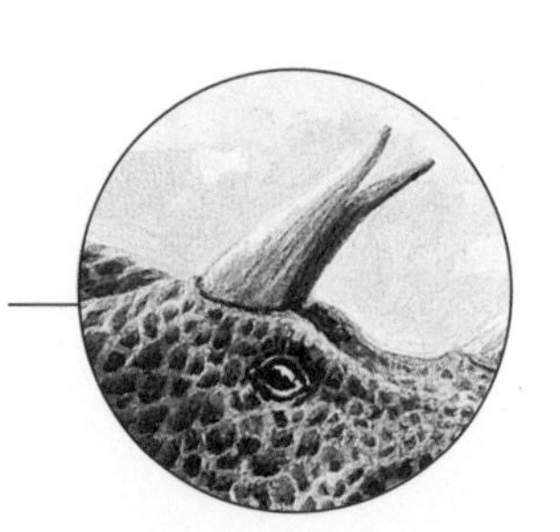

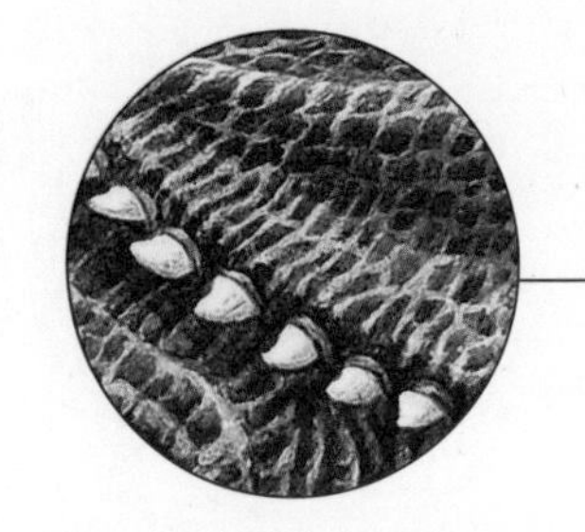

皮肤化石

根据开角龙的皮肤化石，我们知道它的皮肤上有均匀分布的骨质瘤，那些骨质瘤既有五边形的，也有六边形的，每个骨质瘤的直径为 5 厘米。

恐龙
白垩纪晚期

时间轴（数百万年前）

540 | 505 | 438 | 408 | 360 | 280 | 248 | 208 | 146 | 65 | 1.8 至今

纤手龙

目·蜥臀目·科·近颌龙科·属&种·纤瘦纤手龙，文雅纤手龙

纤手龙就是恐龙家族尘封的秘密——真的！之前人们发现了一些零散的化石，但直到 1988 年，当人们重新研究一个在 60 多年前就被发现了的标本时，人们才知道这些化石都属于纤手龙。

重要统计资料

化石位置：加拿大

食性：可能是杂食动物

体重：30 千克

身长：2 米

身高：70 厘米

名字意义："纤细的手"，因为最先被发现的纤手龙化石就是它独特的手部化石

分布：人们在加拿大阿尔伯塔的恐龙公园组地层发现了纤手龙化石

化石证据

虽然人们很早就发现了纤手龙的手、脚和颌部的化石（依次为 1924 年、1932 年和 1936 年），但是直到 1988 年，人们才复原了那具"被遗忘的"骨架，同时人们发现原来之前的一些化石残片都属于纤手龙。纤手龙是一种体形较轻的兽脚亚目恐龙，它和鸟类很像。纤手龙是一种行动敏捷的捕食者，主要以肉类为食，但也可能是杂食动物。人们已经发现了多种纤手龙物种，一些物种会比上面描述的数据更大、更重。

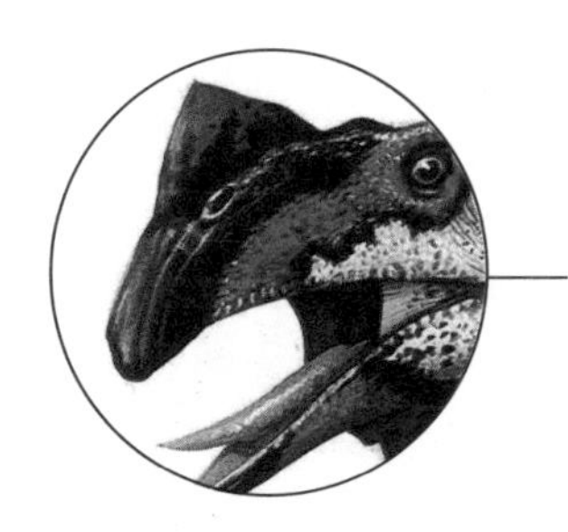

冠

纤手龙头顶上的冠和偷蛋龙的冠很像，而偷蛋龙生活的年代比纤手龙晚了 200 万年，这说明这两种恐龙存在一定联系。

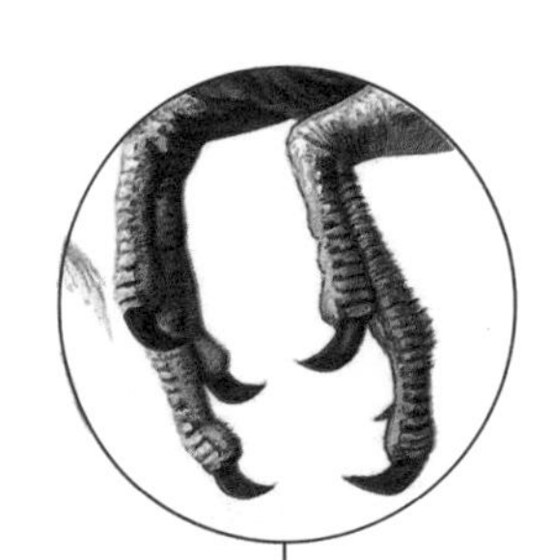

前肢

纤手龙的前肢上有 3 个指爪，似乎非常适合抓鱼、偷蛋以及将昆虫从树皮中挖出来。

恐龙
白垩纪晚期

时间轴（数百万年前）

540	505	438	408	360	280	248	208	146	65	1.8 至今

窃螺龙

目 · 蜥臀目 · 科 · 偷蛋龙科 · 属 & 种 · 纤弱窃螺龙

窃螺龙是一种原始的偷蛋龙科恐龙，这类恐龙的身体构造和鸟类很像，肩膀上长有叉骨，而且都有喙。

重要统计资料

化石位置：蒙古国

食性：可能是杂食动物

体重：6 千克

身长：1.5 米

身高：50 厘米

名字意义：“贝类偷窃者”，因为人们认为它会吃软体动物

分布：人们在蒙古国的纳摩盖吐组地层发现了一些窃螺龙化石碎片

化石证据

目前我们发现的窃螺龙化石特别少，但是光凭它手部的结构，我们就可以将它单独分类成一个属。一些人将它视为偷蛋龙和雌驼龙之间的过渡物种。雌驼龙是一种小型兽脚亚目恐龙。和其他偷蛋龙科恐龙不同的是，窃螺龙没有头冠，所以一些古生物学家认为窃螺龙只是一只未成年的偷蛋龙而已。窃螺龙的无齿喙非常强壮，而且嘴巴里有骨质突起，这说明它既可以咬碎蛋，也可以咬碎软体动物，不过它可能是杂食动物。

鼻嵴

窃螺龙没有头冠，但有一个很大的鼻嵴，我们尚不清楚这个鼻嵴的作用是什么。

喙

一般认为偷蛋龙科恐龙的喙是用来打开蛋的，但它的作用可能不止于此，偷蛋龙科恐龙可能还会吃其他东西。

恐龙
白垩纪晚期

时间轴（数百万年前）

540	505	438	408	360	280	248	208	146	65	1.8 至今

盔龙

目 · 鸟臀目 · 科 · 鸭嘴龙科 · 属 & 种 · 卡萨鲁斯冠龙

盔龙是北美洲西部地区数量最多的鸭嘴龙之一，它最出名的特征就是长有绚烂的头冠，那个头冠不仅好看，而且可能可以帮助它发出响亮的声音。

重要统计资料

化石位置：加拿大、美国西部

食性：食草动物

体重：5 吨

身长：9 米

身高：到臀部的高度为 5 米

名字意义：“头盔蜥蜴”，因为它的头冠就像科林斯士兵戴的头盔一样

分布：人们在加拿大的阿尔伯塔和美国的蒙大拿州发现了大量盔龙化石

化石证据

人们已经发现了差不多 20 块盔龙头骨，通常盔龙化石都被发现于同一个地方，说明它们会成群行动。精致的冠饰不但能起到装饰作用，由于它是中空的，而且包含了鼻腔通道，因此可能还可以发出低频的响声。那个冠饰可能还可以帮助盔龙降温，增强嗅觉，并且在求偶时也起到一定的作用。盔龙的一些皮肤化石通过自然干化被保存了下来，根据这些化石，我们可以知道盔龙腹部的表皮比较粗糙，上面有一些小突起和较大的鳞甲。

眼睛

盔龙的头部两侧长着大大的眼睛，因此它能同时看到两个不同的方向，这可以帮助它躲避捕食者。

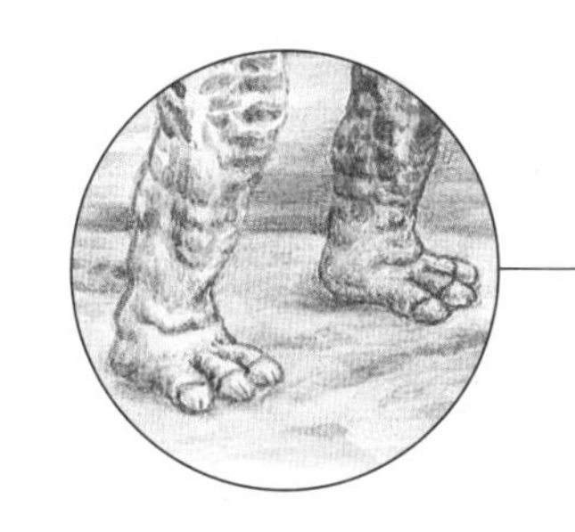

后肢

盔龙可以靠后肢站立，它能伸长脖子，用没有牙齿的喙将树叶从高高的树枝上咬下来。接着它会用几百颗颊齿将食物磨碎。

恐龙
白垩纪晚期

时间轴（数百万年前）

540 | 505 | 438 | 408 | 360 | 280 | 248 | 208 | 146 | 65 | 1.8 至今

双角龙

目 · 鸟臀目 · **科** · 角龙科 · **属 & 种** · 海氏双角龙

重要统计资料

化石位置：美国

食性：食草动物

体重：11 吨

身长：最长可达 9 米

身高：2.7 米

名字意义："长着双角的蜥蜴"，因为它的脸上有两个角

分布：人们只在美国东部的怀俄明州发现了双角龙的标本

化石证据

1905 年，人们发现了一块带有下颌的双角龙头骨，那块头骨被保存得很糟糕，而目前人们对双角龙的一切描述都是基于那块头骨。多年以来，人们都认为双角龙是一种体形较大的三角龙，但是二者其实有很明显的区别。在三角龙长着鼻角的地方，双角龙只有一个圆形突起。而且双角龙的眉角几乎是垂直的，同时它颈部头盾的结构也和三角龙的很不一样。

双角龙一直存在着某种身份危机，这是可以理解的。多年以来，双角龙总被视为三角龙的一种，不过最终人们意识到它是一个独立的属。然而由于它原先的名字被一种昆虫占掉了，所以人们在 2008 年重新对它进行了命名。

头盾

双角龙的头盾上有被皮肤覆盖着的洞孔，这些洞孔既可以减轻头盾的重量，也可以为大块肌肉的附着提供固定点，这些肌肉可以带动双角龙的颌部运动。

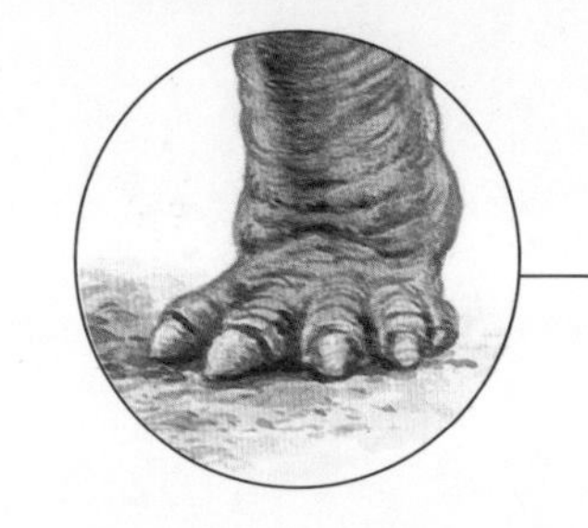

后肢

双角龙的后肢很强壮，它可能会靠四肢缓慢行动，当它在吃长在低处的植物时，速度可能只有 2~4 千米 / 小时。

恐龙
白垩纪晚期

时间轴（数百万年前）

540 | 505 | 438 | 408 | 360 | 280 | 248 | 208 | 146 | 65 | 1.8 至今

南印度龙

目 · 蛇颈龙目 · **科** · 未分类 · **属 & 种** · 南印度龙

通过孤立的骨头来识别动物是很难的，因为我们很容易就迷失了方向。在印度发现的一堆南印度龙化石就展现了这样的困境。

重要统计资料

化石位置：印度

食性：食肉动物

体重：900 千克

身长：3 米

身高：1.2 米

名字意义："德拉维达的蜥蜴"，得名于它的发现地

分布：人们在印度南部的泰米尔纳德邦发现了南印度龙化石

化石证据

根据已发现的一块部分头骨、一颗牙齿、一些薄薄的三角形甲胄以及另外一些骨头，一些古生物学家认为南印度龙是一种晚期剑龙。但值得注意的是，南印度龙是生活在印度的，目前我们还没有在印度发现任何剑龙化石，并且在南印度龙生活的时间，其他剑龙已经灭亡几千万年了。因此这个观点后来被修正了，如今人们认为南印度龙是一种脖子很长的水生爬行动物，先前被视为甲胄的东西现在被视为肢体的残部。不过南印度龙的分类问题依旧没有得到解决。

身份错认

当人们认为南印度龙是一种剑龙时，它被描绘成了图中所示的那样。但现在人们发现那些化石碎片似乎都属于一种蛇颈龙，所以它的样子其实很像里伯龙。

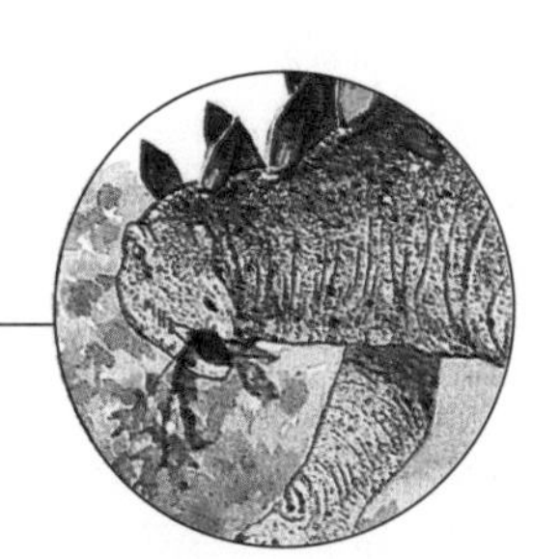

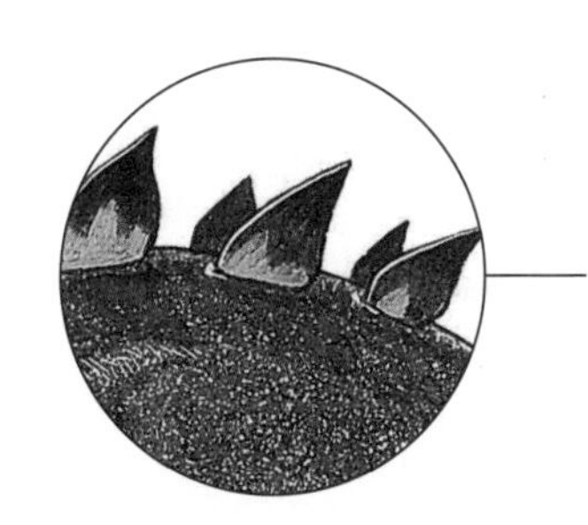

甲胄

一开始人们认为它是一种陆生剑龙，身上长着甲胄，但现在人们认为它是一种水生爬行动物，那些甲胄其实是一些遭到严重风化的骨头。

史前动物
白垩纪晚期

时间轴（数百万年前）

540	505	438	408	360	280	248	208	146	65	1.8 至今

驰龙

目·蜥臀目·**科**·驰龙科·**属&种**·在驰龙属内有众多物种

驰龙可能是一种机智敏捷、行动迅速的捕食者，体形和狼差不多大，感官非常灵敏，而且牙齿和爪子都很凶狠。驰龙可能成群狩猎，这样就能捕食体形更大的猎物。

重要统计资料

化石位置：加拿大、美国

食性：食肉动物

体重：15千克

身长：1.8米

身高：70厘米

名字意义："奔跑的蜥蜴"，因为它能快速行动

分布：人们一开始在加拿大的朱迪思河组地层发现了驰龙化石，后来又在美国的蒙大拿州发现了少量化石

化石证据

虽然这类恐龙被称为驰龙，但它们本身的化石非常少（只有一个部分头骨和一些脚骨），有关它们的许多数据其实是它亲戚的数据。驰龙靠强壮的后腿行走、奔跑、跳跃，同时会用镰刀状的脚爪突袭猎物。驰龙的颌部很强壮，其中长有向后弯曲的牙齿。和后来出现的驰龙科其他恐龙相比，驰龙的头骨更大，而且牙齿更强壮，更适合用来咬住猎物，而不是撕碎猎物。驰龙的一部分身体可能还有羽毛覆盖。

牙齿

驰龙的锯齿状牙齿被磨得非常厉害，说明它会经常咬猎物的骨头。

僵硬的尾巴

由于驰龙的尾巴中有一些交错的骨棒，所以会比较僵硬，但它的尾巴也具备一定的灵活性，可以向左右弯曲。

恐龙
白垩纪晚期

时间轴（数百万年前）

540	505	438	408	360	280	248	208	146	65	1.8 至今

伤龙

目 · 蜥臀目 · 科 · 暴龙科 · 属 & 种 · 鹰爪伤龙

重要统计资料

化石位置：美国

食性：食肉动物

体重：超过 1 吨

身长：4.5~6 米

身高：到臀部的高度为 1.8 米

名字意义："极具杀伤力的蜥蜴"，因为它的爪子很大

分布：唯一一个较好的伤龙标本是 1866 年在美国新泽西州被发现的，但之后人们又在北卡罗来纳州发现了伤龙的牙齿化石，这说明伤龙在北美洲的东部分布很广

化石证据

伤龙是一种原始的暴龙科恐龙 。约在 150 年前，人们发现了目前最好的伤龙标本，那个标本中有一块带牙齿的下颌碎片、两块肱骨、一条没有脚的左腿、脊柱和一些骨头碎片。一开始人们将它归为斑龙科，后来又将它归为伤龙科。然后人们又认为它是一种虚骨龙，虚骨龙是一种非常宽泛的恐龙种类，目前我们还不清楚这类恐龙究竟生活在哪里。最近人们在美国阿拉巴马州发现了一个更完整的阿巴拉契亚龙，这种恐龙和伤龙的关系十分密切，再次说明了伤龙是一种原始的暴龙科恐龙，它就像是阿巴拉契亚龙的南方表亲一样。

恐龙
白垩纪晚期

伤龙这种新泽西州恶魔可能只是个传说，但曾经有许多中等体形的暴龙科恐龙都生活在新泽西州，那些恐龙的爪子和牙齿可以将猎物撕开。

虽然我们对伤龙的骨架知之甚少，但由于它是一种暴龙科恐龙，所以它的头骨应该很大，而且有牙齿，还可以用两足进行狩猎。伤龙的爪子非常有力，而且会抬起长尾巴，从而平衡前半部分身体的重量。和其他晚期暴龙一样，它的每只手上可能只有两个手指。

牙齿

和大多数爬行动物的牙齿一样，肉食恐龙的牙齿不太适合撕开猎物，但牙齿上的锯齿表明这些恐龙一定会捕食猎物。

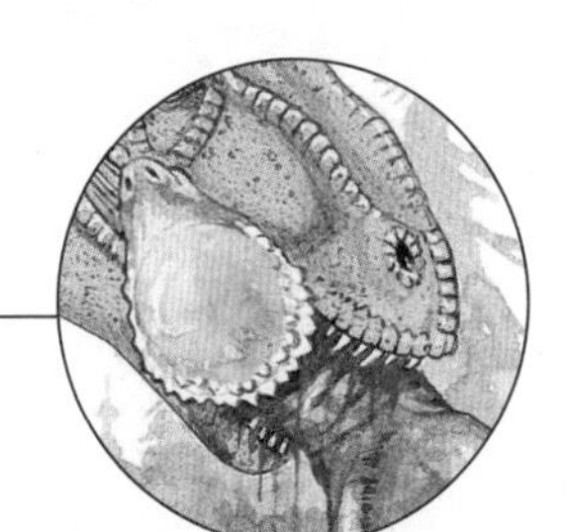

你知道吗?

这幅图画的是伤龙捕食厚头龙的场景，虽然目前还没有在伤龙化石的附近发现厚头龙化石，但是由于厚头龙经常和其他暴龙科恐龙一起被发现，所以可能我们某天也会发现它和伤龙化石在一起。

爪子

伤龙的手上有巨大弯曲的前爪，它的种名为"鹰爪"（老鹰的爪子），这个名字很恰当地描述了它爪子的特点。

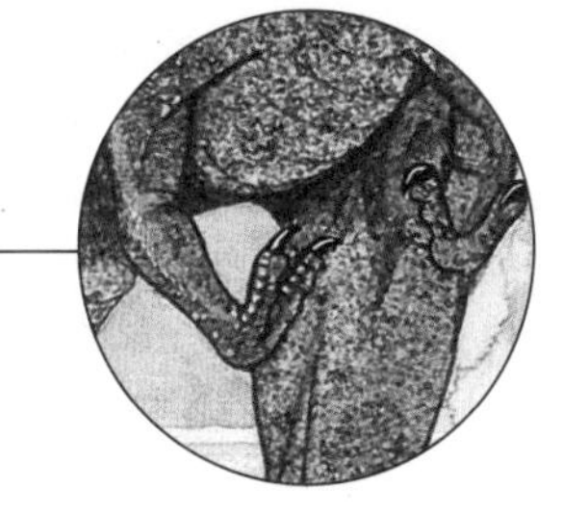

时间轴（数百万年前）

540	505	438	408	360	280	248	208	146	65	1.8 至今

埃德蒙顿龙

目 · 鸟臀目 · **科** · 鸭嘴龙科 · **属 & 种** · 帝王埃德蒙顿龙

重要统计资料

化石位置：北美洲的西部

食性：食草动物

体重：3.9 吨

身长：13 米

身高：未知

名字意义："埃德蒙顿的蜥蜴"，因为它的化石被发现于加拿大的埃德蒙顿岩组地层

分布：人们在北美洲的西部发现了埃德蒙顿龙化石

化石证据

一些埃德蒙顿龙的标本保存了它的皮肤纹理，因此我们知道它的皮肤表面有鳞甲，而且在它的脖子、背部和尾巴上都长有小结节或是小突起。由于它胃中的东西也被保存在了化石中，所以我们知道它会吃针叶树的针叶、种子和树枝。一个埃德蒙顿龙标本的尾巴尖上有被咬伤的痕迹，能够咬伤埃德蒙顿龙的大型恐龙应该只有暴龙了。

埃德蒙顿龙的头骨像鸭子一样，喙部又宽又平。一些人认为它的脸上有松弛的皮瓣，可能通过充气发出吼叫声。

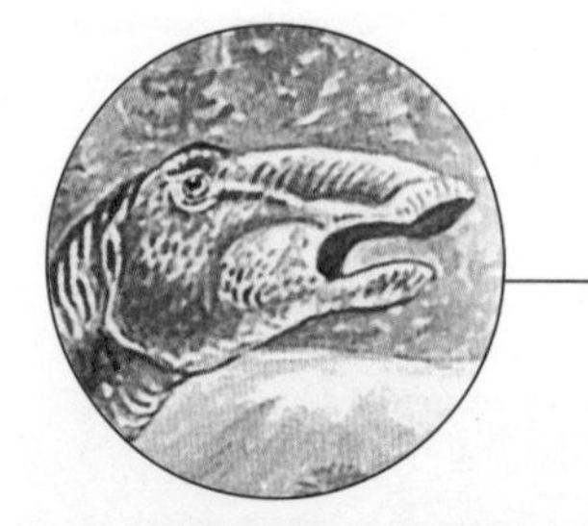

喙

埃德蒙顿龙的喙上没有牙齿，但它有 60 排颊齿，其中差不多有 1000 颗牙齿。它会用这些牙齿来咀嚼食物。

前肢

埃德蒙顿龙可能既可以用两足行走，也可以用四足行走：它的前肢有能负重的脚垫，其中两趾有蹄爪。

恐龙
白垩纪晚期

时间轴（数百万年前）

540	505	438	408	360	280	248	208	146	65	1.8 至今

野牛龙

目 · 鸟臀目 · 科 · 角龙科 · 属 & 种 · 前弯角野牛龙

野牛龙的鼻角向前弯曲，就像开瓶器一样，这个特点将它和其他角龙区分了开来。野牛龙看上去很吓人，但或许只有成群行动才能给它们提供最好的保护。

重要统计资料

化石位置：美国

食性：食草动物

体重：2~2.2 吨

身长：5~6 米

身高：未知

名字意义："野牛蜥蜴"，是为了纪念发现地黑脚部落领地，同时也表达了一种角龙便是白垩纪时期"野牛"的想法

分布：至今为止，我们只在美国的蒙大拿州发现了野牛龙化石

化石证据

野牛龙其实是近年才被人们发现的，1985 年，人们发现了野牛龙，但直到 1989 年，化石的挖掘工作才完成。1995 年，人们首次正式地描述这种恐龙。人们发现野牛龙的地方是蒙大拿州的双麦迪逊组地层，那里蕴含着丰富的恐龙标本，而且是世界上最重要的沉积地层之一。根据已经发现的化石，我们知道野牛龙生活在半干旱的气候中，它会经历一个漫长的旱季。目前我们已经发现了三块野牛龙头骨，从中我们知道只有成年龙才会有独特的牛角。

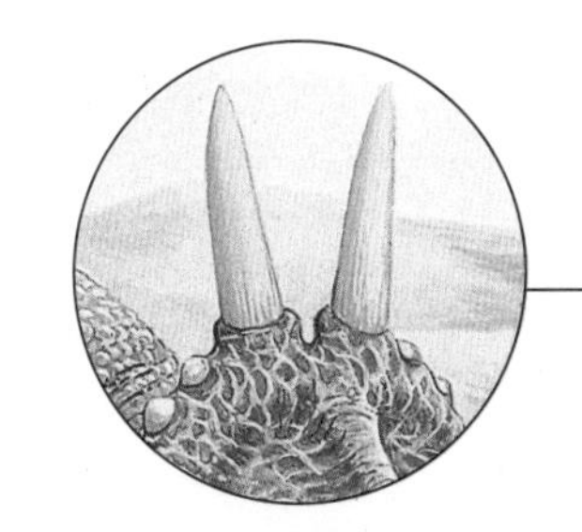

尖刺

野牛龙的骨质头盾顶部有两个尖刺，虽然它们可能无法提供什么实质性的防御，但它们可以威慑捕食者。

四肢

野牛龙是像大象一样直立，还是像蜥蜴一样四肢更加向外伸展，我们尚不清楚。

恐龙
白垩纪晚期

时间轴（数百万年前）

540	505	438	408	360	280	248	208	146	65	1.8 至今

薄板龙

目・蛇颈龙目・**科**・薄板龙科・**属 & 种**・在薄板龙属内有众多物种

重要统计资料

化石位置：亚洲、北美洲

食性：食肉动物

体重：4.4 吨

身长：14 米

身高：未知

名字意义："薄板蜥蜴"，因为它的肩胛骨像一块薄板

分布：人们在日本以及北美洲西部的内海中发现了薄板龙化石

化石证据

1868 年，古生物学家爱德华・科普第一次复原了薄板龙，但是他错误地将薄板龙的长脖子鉴定为尾巴。由于薄板龙的脖子很重，所以它可能只能将头抬出水面。而且，它还有四个僵硬的脚蹼，所以应该一直生活在开放海域中，从未登上陆地。它只能在水中缓慢移动。

薄板龙最引人夺目的特点就是它的长脖子，有着多达 75 块脊椎骨。而大部分现代哺乳动物只有 7~8 块脊椎骨。薄板龙生活在开放水域中，会像现代海豚一样呼吸空气。

脖子

薄板龙的脖子可长达 8 米，占据了它身长的一半，因此它可以出其不意地抓住猎物。

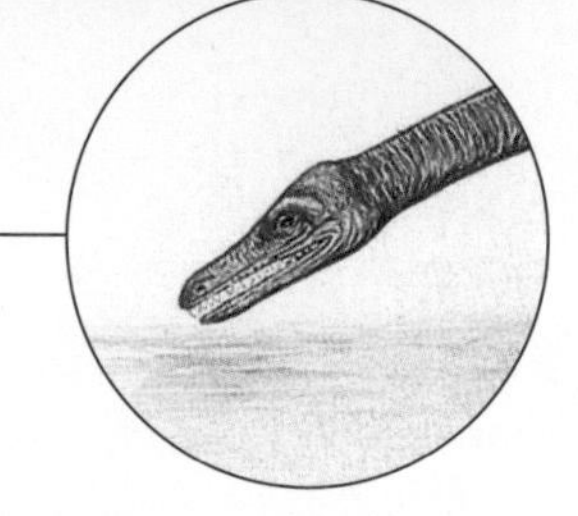

头

由于薄板龙的头很小，所以无法吞下很大的食物，因此可能会以小型鱼类、乌贼和菊石为食。

史前动物
白垩纪晚期

时间轴（数百万年前）

540	505	438	408	360	280	248	208	146	65	1.8 至今

单足龙

目 · 蜥臀目 · 科 · 近颌龙科 · 属 & 种 · 稀罕单足龙

单足龙会以两足行走，它的前肢很细长，长着三个指爪。由于它属于偷蛋龙类恐龙，所以可能有一个短短的、像鹦鹉一样的头骨，而且可能有羽毛覆盖。

重要统计资料

化石位置：加拿大、蒙古国

食性：食肉动物

体重：32 千克

身长：2 米

身高：未知

名字意义："后脚蜥蜴"，因为它后脚上的骨头是以一种特殊的方式融合起来的

分布：至今为止，我们只在蒙古国和加拿大发现了单足龙化石

化石证据

由于单足龙化石先后在蒙古国和北美洲出现，所以它应该是一种会迁徙的非鸟型恐龙。因为它的骨头非常薄，所以它们在化石中保存得不太好。目前我们只发现了它的爪、脚和腿骨化石。它的脚和小腿骨都很长，可以快速奔跑。单足龙的前肢上有爪子，它可能会用那三根指爪去抓昆虫以及一些小动物。由于它的化石和其他恐龙有相似之处，因此古生物学家可以据此推测它的大概长相。

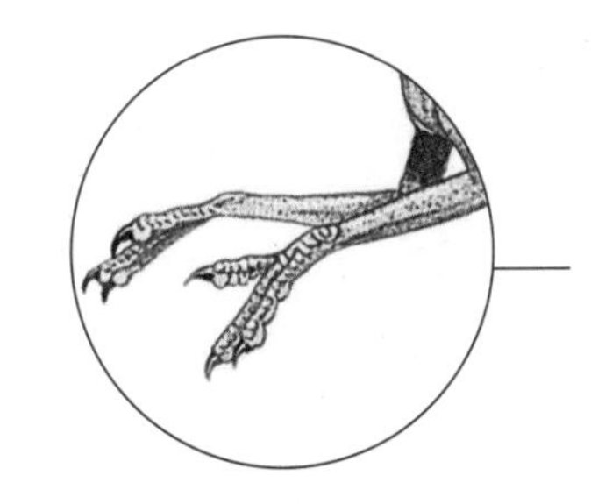

前肢

和它的亲戚虚骨龙相比，单足龙的胳膊更细长，手也更纤瘦。

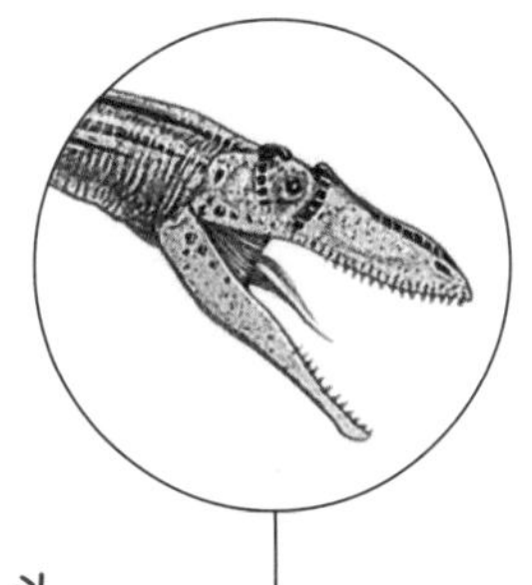

头

我们还没有发现单足龙的头骨，但是最近的分析发现，它可能和雌驼龙更像。

恐龙
白垩纪晚期

时间轴（数百万年前）

540	505	438	408	360	280	248	208	146	65	1.8 至今

死神龙

目 · 蜥臀目 · 科 · 镰刀龙科 · 属 & 种 · 安德鲁死神龙

死神龙是一种镰刀龙科恐龙，这类恐龙不太常见，特点是它们的前肢有着巨大的爪子。我们尚不清楚那些爪子的作用是什么。

重要统计资料

化石位置：蒙古国

食性：可能是杂食动物

体重：160 千克

身长：5~6 米

身高：未知

名字意义："伊尔勒格的蜥蜴"，得名于神话中的死神伊尔勒格

分布：至今为止，我们只在蒙古国发现了死神龙化石

化石证据

死神龙是第一种被发现了头骨的镰刀龙科恐龙，然而除了头骨之外，我们只发现了它的一些标本碎片。它的腿和尾巴都比较短，这些特征让它看起来并不像捕食者。它可能是食草动物，可以伸出爪子去抓住植物。通过比较死神龙和它的镰刀龙亲戚，我们猜测镰刀龙类恐龙可能是从捕食者进化成了食草动物，因为我们发现它们盆骨的形态可能是为坐立而设计，而脊椎则是为了保持身体直立而设计。

嘴

死神龙的喙上没有牙齿，但它有一些树叶状的小颊齿，因此猜测它应该是一种食草动物。

爪子

死神龙的三个指头上都有长长的爪子，这说明它可能会捕食猎物。这些爪子明显非常适合抓住并割伤猎物。

恐龙
白垩纪晚期

时间轴（数百万年前）

540 | 505 | 438 | 408 | 360 | 280 | 248 | 208 | 146 | 65 | 1.8 至今

包头龙

目·鸟臀目·**科**·甲龙科·**属&种**·卫甲包头龙

包头龙的身体和整个头部都有甲胄覆盖，上面布满了尖刺，甚至连它的眼睛都有骨质眼睑保护。它的头后有角。

重要统计资料

化石位置：加拿大、美国

食性：食草动物

体重：2~3.3 吨

身长：6 米

身高：未知

名字意义："甲胄完备的头部"，因为它的头骨上有骨板覆盖

分布：我们在北美洲，主要是加拿大的阿尔伯塔和美国的蒙大拿州发现了包头龙化石

化石证据

由于我们在很多地方都发现了包头龙化石，所以它是北美地区最为常见的恐龙之一。虽然包头龙的一些亲戚是群居生活的，但由于目前发现的包头龙标本都是独立的，所以它应该是一种独居动物。包头龙背部的甲胄可以很好地保护它。要想攻击包头龙，可能只有将它的身体翻转过来才行。通过分析在加拿大阿尔伯塔发现的恐龙骨头化石，我们发现包头龙和其他甲龙的身上没有任何被咬伤的痕迹。

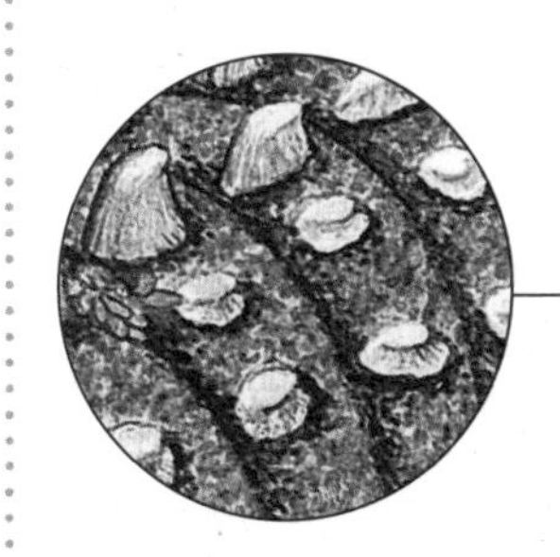

甲胄

包头龙是一种甲龙，它皮肤上骨板排列的方式和现代鳄鱼背部的鳞甲结构很像。

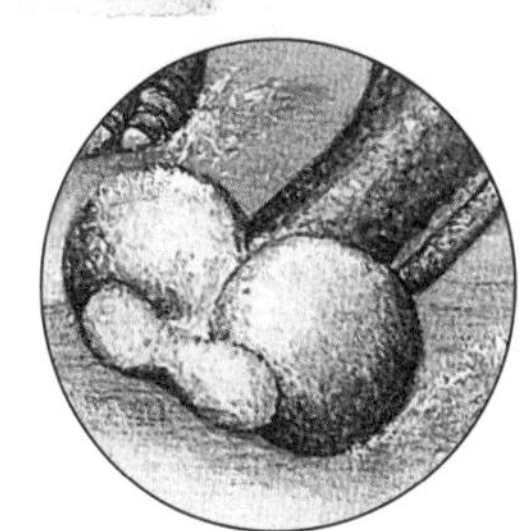

尾锤

包头龙的尾巴由加厚的骨头组成，尾锤重达 20 千克，当它挥动尾锤时，可以带来有力的一击。

恐龙
白垩纪晚期

时间轴（数百万年前）

540	505	438	408	360	280	248	208	146	65	1.8 至今

似金翅鸟龙

目 · 蜥臀目 · 科 · 似金翅鸟龙科 · 属 & 种 · 短脚似金翅鸟龙

似金翅鸟龙是一种原始的似鸟龙，或者说是像鸵鸟的恐龙。它的一双大眼炯炯有神，因此它可能可以依靠敏锐的视觉来探寻天敌的行踪。它没有什么明显的防御机制。

重要统计资料

化石位置：蒙古国

食性：可能是杂食动物

体重：85 千克

身长：3.5~4 米

身高：未知

名字意义："金翅鸟模仿者"，得名于金翅鸟。金翅鸟是神话中的一种怪鸟

分布：至今为止，人们只在蒙古国发现了似金翅鸟龙化石

化石证据

目前人们只发现了似金翅鸟龙的化石碎片。一开始人们以为它有一个角，但是进一步分析之后，发现那个所谓的角其实是块骨头碎片。和现代鸵鸟一样，似金翅鸟龙的腿很长，而且它可以直立。通过研究似金翅鸟龙亲戚的足迹化石，人们发现它们的奔跑速度可以达到 35 千米 / 小时。不过似金翅鸟龙自己可能跑得没有这么快，因为它的腿和脚似乎不太适合奔跑。它的第一个脚趾很小，这一特点在后来出现的那些恐龙身上并不存在。

嘴

似金翅鸟龙的喙上没有牙齿，说明它以植物为食，同时它又有锋利的颊齿，说明它可能也会吃小型哺乳动物和昆虫。

爪子

似金翅鸟龙的爪子不太适合抓东西，可能更适合挖东西，所以它可能通过挖掘来寻找猎物。

恐龙
白垩纪晚期

时间轴（数百万年前）

540	505	438	408	360	280	248	208	146	65	1.8 至今

饰头龙

目·鸟臀目·**科**·厚头龙科·**属 & 种**·拉氏饰头龙

重要统计资料

化石位置：蒙古国

食性：食草动物

体重：47 千克

身长：2~3 米

身高：未知

名字意义："有装饰的头部"，因为它的头上有尖刺和瘤状物

分布：饰头龙生活的地方现在是蒙古国的戈壁沙漠

化石证据

20 世纪 60 年代，波兰和蒙古两国的联合探险队在戈壁沙漠中发现了许多新恐龙化石，其中之一就是饰头龙。不过直到 1982 年，人们才开始正式描述这种恐龙。饰头龙是最出名的厚头龙之一：不但头骨很厚，四肢和尾巴也很厚。它的身体结构很轻，不过那些骨质肌腱可以强化它的脊椎骨。这些特征可能对成年之后的雄性饰头龙来说尤其有用，因为当它们在争夺统治权时，很可能会相互撞击头部。

饰头龙可以跑得很快，快速奔跑就是它最好的防御机制。饰头龙发达的犬齿可以威慑潜在的捕食者，另外生活在兽群中或许也可以给它提供一定的保护。

头

饰头龙的头部表面粗糙不平，而且扁平的头骨后侧长有骨架。

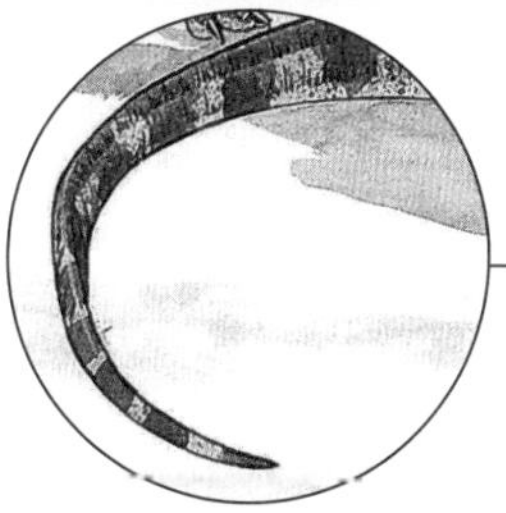

尾巴

饰头龙的身体较轻，可以用细长的后腿快速奔跑，同时它会伸长僵直的尾巴来保持身体平衡。

恐龙
白垩纪晚期

时间轴（数百万年前）

540 | 505 | 438 | 408 | 360 | 280 | 248 | 208 | 146 | 65 | 1.8 至今

鸭嘴龙

目 · 鸟臀目 · 科 · 鸭嘴龙科 · 属 & 种 · 佛克鸭嘴龙

重要统计资料

化石位置：美国

食性：食草动物

体重：2~3 吨

身长：7~10 米

身高：未知

名字意义："健壮的蜥蜴"，因为它的身体结构非常强壮

分布：鸭嘴龙曾生活在如今北美洲东北部海岸的沿岸地区

化石证据

人们发现的第一种长着鸭子嘴巴的恐龙就是鸭嘴龙。鸭嘴龙也是世界上第一种被发现了近乎完整骨架的非鸟型恐龙。1838 年，人们首先挖出了一些鸭嘴龙的大骨头，但是直到 1858 年，人们才挖出了完整的骨架。那个骨架中只缺少了头骨，而且至今人们也没有发现鸭嘴龙的头骨。1868 年，鸭嘴龙的骨架被展出，使它成为第一种被展出的恐龙。这次展出引起了轰动，它向公众证明了非鸟型恐龙的存在。

恐龙
白垩纪晚期

鸭嘴龙可能会成群生活，穿梭于海岸附近的针叶林和沼泽中。我们在海底的沉积物中也发现了鸭嘴龙化石，所以它可能擅长游泳，因此可以远离岸边，不过也有可能它的遗骸是被河流冲到海底的。

嘴

我们在北美洲东岸的白垩纪晚期沉积物中还发现了疑似鸭嘴龙的牙齿，不过鸭嘴龙的牙齿特点还不够突出，因此我们很难判断那些牙齿究竟属于哪个动物属。

后肢

鸭嘴龙的后肢比前肢长很多，这说明它可以直立行走，只有当它进食时，才会用前肢支撑。

时间轴（数百万年前）

540	505	438	408	360	280	248	208	146	65	1.8 至今

平头龙

目 · 鸟臀目 · 科 · 平头龙科 · 属 & 种 · 卡氏平头龙

平头龙是一种厚头龙，但是和它的亲戚不同的是，它的头部比较扁平。由于平头龙的牙齿都被磨损得非常厉害，所以这种食草动物应该是以坚硬的植物为食。

重要统计资料

化石位置：蒙古国

食性：食草动物

体重：未知

身长：3 米

身高：未知

名字意义：“平坦的头部”，因为它的头部很平

分布：至今为止，我们只在蒙古国发现了平头龙化石

化石证据

虽然平头龙是一种厚头龙，但它可能不会像它的亲戚一样，相互用头部撞击。通过分析平头龙的头骨，我们发现它的头骨并不是实心的，其中充满了洞孔，而且较为脆弱。据古生物学家马克 · 古德温说，平头龙最多可能会相互用头推搡。平头龙的盆骨也出奇地宽，因此它有可能禁受住强大的推力。另外，也有一些古生物学家认为，宽大的臀部可以让雌性平头龙直接生下幼崽。

头部

和许多厚头龙亲戚相比，平头龙的头部要更平一些，而且它的头部覆盖有结节和瘤状物，这些突起可能是为了吸引异性。

鼻子

通过分析平头龙的头骨，我们发现其中一大片区域都是嗅觉神经，说明它的嗅觉非常灵敏。

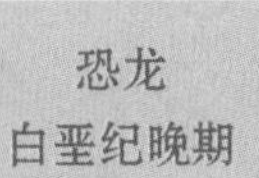

恐龙
白垩纪晚期

时间轴（数百万年前）

540	505	438	408	360	280	248	208	146	65	1.8 至今

亚冠龙

目 · 鸟臀目 · **科** · 鸭嘴龙科 · **属 & 种** · 高棘亚冠龙

亚冠龙用四足觅食，但它会用两足行走和奔跑。

重要统计资料

化石位置：加拿大、美国

食性：食草动物

体重：1.4 吨

身长：9 米

身高：未知

名字意义："几乎最高级别的蜥蜴"，因为它几乎和暴龙一样大

分布：人们在加拿大的阿尔伯塔和美国的蒙大拿州发现了亚冠龙化石，这两个地方都位于北美洲的西部

化石证据

1912 年，人们在加拿大阿尔伯塔附近发现了第一个亚冠龙标本。到了 20 世纪 90 年代，人们在阿尔伯塔西南部的恶魔深谷发现了一个亚冠龙的巢穴，据此了解了更多的有关亚冠龙的信息。在那个巢穴中，整齐排有 8 个恐龙蛋，每个蛋都和哈密瓜差不多大。这个巢穴之前可能被沙子或植物覆盖着。人们还在巢穴附近发现了孵化出的幼崽。这说明亚冠龙会选择筑巢的地点，这样它可以同时守护不同的巢穴。

冠

亚冠龙的空心冠可能像共鸣室一样，可以发出声音，也可能加强它的嗅觉。

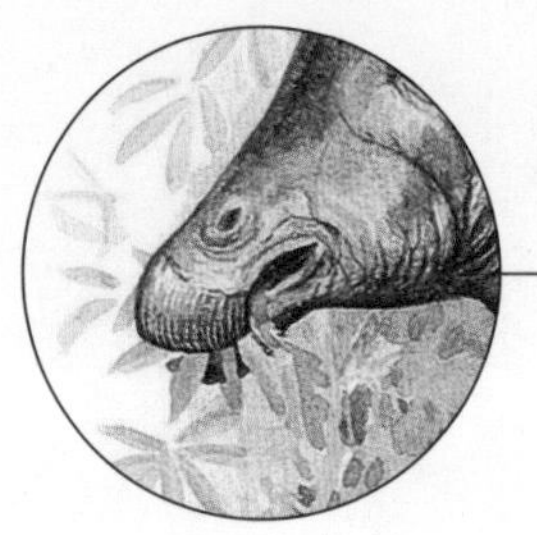

嘴

亚冠龙有 40 排紧密排列的颊齿，因此它可以将食物磨碎。它可能会以松叶、水果、树枝或者开花植物为食。

恐龙
白垩纪晚期

时间轴（数百万年前）

540	505	438	408	360	280	248	208	146	65	1.8 至今

高桥龙

目·蜥臀目·科·泰坦巨龙科·属＆种·原高桥龙

古生物学家尚不确定高桥龙长什么样子。不过它一定会比别的蜥脚类恐龙小一些，而且它的后肢特别粗壮。它可能会有某种形式的甲胄。

重要统计资料

化石位置：法国、西班牙

食性：食草动物

体重：9.9 吨

身长：12 米

身高：未知

名字意义：“高高的蜥蜴”，因为它很高，而且四肢很长

分布：高桥龙化石在欧洲西部的西班牙和法国分布较广

化石证据

高桥龙可能是第一种被发现蛋化石的非鸟型恐龙。然而，有些古生物学家认为那些蛋其实是卡冈杜亚鸟的。卡冈杜亚鸟是一种不能飞行的鸟类。这些蛋的表面凹凸不平，长度为 30 厘米，体积为 2 升。这些蛋非常大，差不多是现在鸵鸟蛋的两倍。人们是在一个形似火山口的巢穴中发现这些蛋的，它们排成了一条直线。那么究竟是高桥龙会在下完蛋后将蛋轻轻推成一排，还是它会边走边下蛋呢？

脖子

尽管我们尚不清楚为什么高桥龙需要这么长的脖子，但这长脖子可以让它够到其他动物够不到的植物。

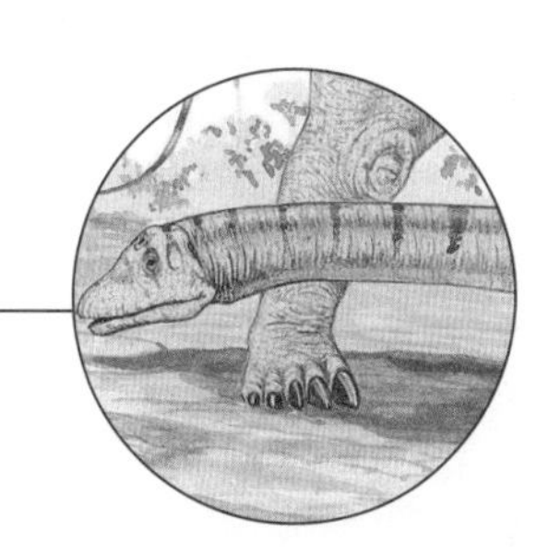

牙齿

高桥龙的小牙齿像钉子一样，它可以用牙齿将植物咬断，不过它的嘴巴不适合咀嚼。

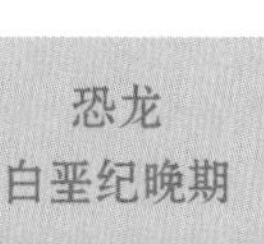

时间轴（数百万年前）

540 505 438 408 360 280 248 208 146 65 1.8 至今

印度鳄龙

目·蜥臀目·**科**·阿贝力龙科·**属 & 种**·盗印度鳄龙

我们对印度鳄龙所知甚少，但我们知道它会用两条腿行走，而且它的体长可以达到 6 米。它的头骨上有个较窄的冠，冠顶是平的。

重要统计资料

化石位置：印度

食性：食肉动物

体重：1.1 吨

身长：6 米

身高：未知

名字意义："印度鳄鱼"

分布：目前人们在印度中央邦发现了印度鳄龙化石

化石证据

由于我们只发现了印度鳄龙头骨和骨架的化石碎片，所以我们很难弄清它的情况。通过仔细分析它的化石标本，我们发现它和阿贝力龙有些相像。1985 年，我们在阿根廷发现了阿贝力龙的头骨碎片。印度鳄龙和阿贝力龙都是捕食类恐龙，巨大的嘴中长满了锯齿状牙齿。它们的头和暴龙的很像，不过印度鳄龙的牙齿更多、更短。据推测，印度鳄龙应该是处于优势地位的捕食恐龙之一，但它可能也会以动物尸体为食。

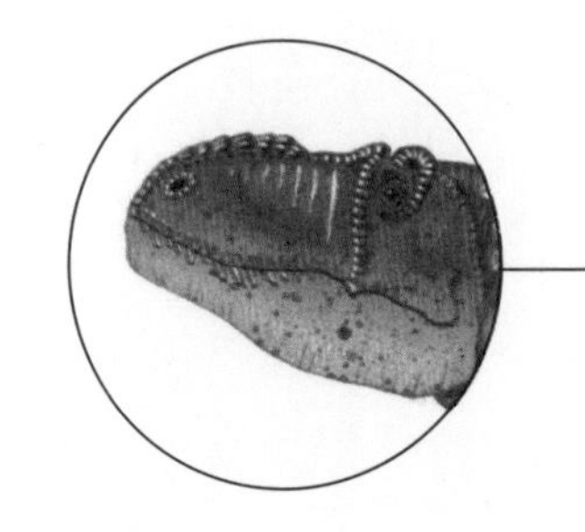

牙齿

印度鳄龙的牙齿呈锯齿状，旧牙会不断被新牙替代。由于当它在撕咬肉类或咀嚼骨头时，牙齿可能会掉，所以这一特点非常必要。

前肢

印度鳄龙的前肢显然很短，不过当它将爪子插进猎物的身体中时，前肢或许可以帮忙控制猎物。

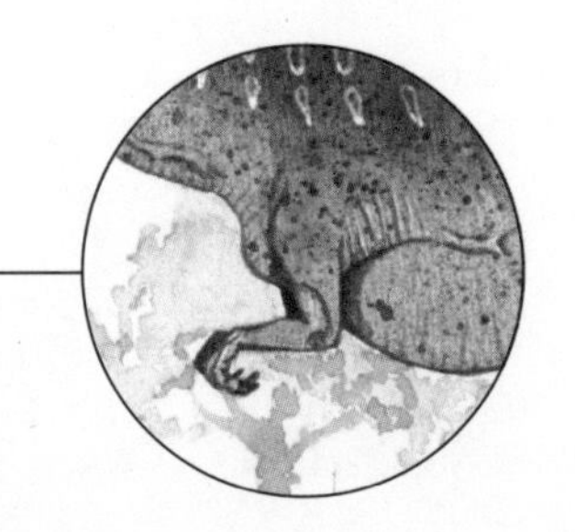

恐龙
白垩纪晚期

时间轴（数百万年前）

540	505	438	408	360	280	248	208	146	65	1.8 至今

雌驼龙

目 · 蜥臀目 · 科 · 偷蛋龙科 · 属 & 种 · 杨氏雌驼龙

重要统计资料

化石位置：蒙古国

食性：可能是杂食动物

体重：40 千克

身长：1.5~2 米

身高：未知

名字意义：“雌驼龙”，得名于发现地蒙古国英格尼霍布尔（音译，“英格尼”在蒙古语中的意思是“雌骆驼”）盆地

分布：目前我们只在蒙古国西南部发现了雌驼龙化石

化石证据

雌驼龙是一种偷蛋龙科恐龙——现在看来偷蛋龙这个名字或许不太合适。当人们第一次发现偷蛋龙科恐龙时，误以为它身边的蛋是属于原角龙的，并推测它在偷蛋时死亡。可后来事实证明那些蛋其实是偷蛋龙自己的，说明它有着抚育后代的本能。由于其他偷蛋龙的化石记录中也有巢穴和蛋，因此雌驼龙可能也会像现代鸟类一样孵蛋。人们发现了 12 对雌驼龙的蛋，这些蛋被排成了 3 层。

恐龙
白垩纪晚期

由于雌驼龙身体较轻，后肢很强壮，所以它行动敏捷，且能快速奔跑。雌驼龙的爪子很有力，长着三根手指，手指上都有指爪，当它在吃树叶时，或许可以用爪子抓住树枝。

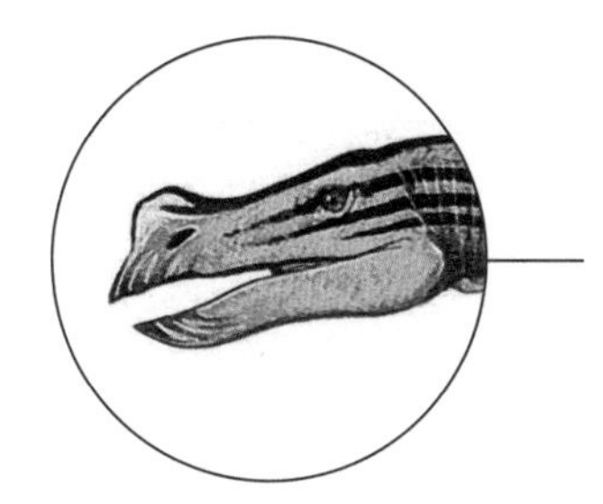

嘴

雌驼龙有一个巨大的无齿喙，它能咬碎蛋或是咀嚼小骨头，但一些人认为它也会吃树叶。

时间轴（数百万年前）

540 505 438 408 360 280 248 208 146 65 1.8 至今

牙克煞龙

目 · 鸟臀目 · 科 · 鸭嘴龙科 · 属 & 种 · 咸海牙克煞龙

牙克煞龙是一种食草动物，它可以用无齿喙将植物咬下来，然后用平顶的大颊齿咀嚼植物。成年龙会有冠，不过雌性牙克煞龙的冠会小一些。

重要统计资料

化石位置：哈萨克斯坦、中国

食性：食草动物

体重：未知

身长：8~9 米

身高：未知

名字意义："牙克煞的蜥蜴"，得名于锡尔河的古称牙克煞。这种恐龙的化石被发现于哈萨克斯坦的锡尔河附近

分布：牙克煞龙曾经生活在亚洲，尤其是中国和哈萨克斯坦

化石证据

我们对牙克煞龙所知甚少，目前只发现了一些它的化石碎片，其中包括头骨的顶部和颅骨。和其他鸭嘴龙一样，它的头骨中也有一系列铰链式关节，这些关节或许可以保护牙克煞龙的大脑和牙齿，防止它们在撞击中断裂。我们在现代鳄鱼的身上也发现了一个类似的关节，当它的嘴巴忽然合上时，这个关节可以起到减震器一样的作用。根据牙克煞龙化石，我们发现它的牙齿磨损得非常厉害，说明它会不停用牙齿咀嚼。

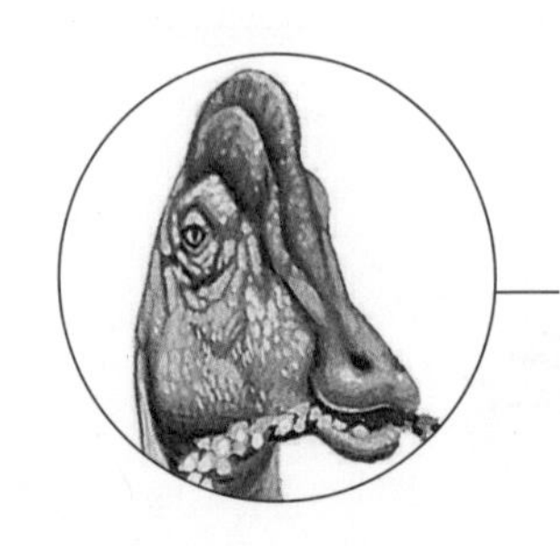

冠

牙克煞龙的冠像头盔一样，其中有连接喉咙和鼻孔的空气通道，或许可以让它发出像喇叭一样的响声。

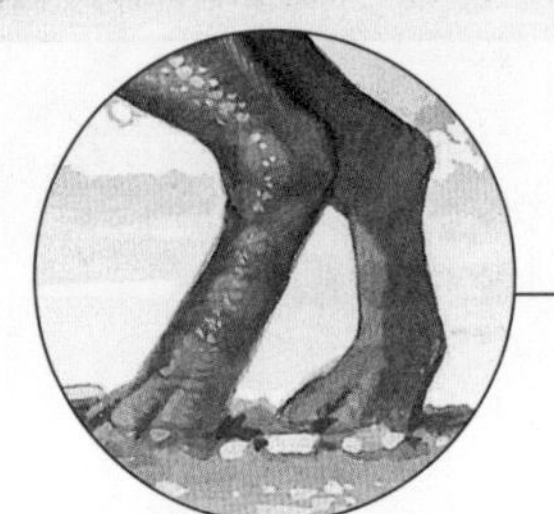

后肢

牙克煞龙吃东西时可能会四足着地，但当它感觉到危险时，可能会用后肢奔跑，同时用僵硬的尾巴保持平衡。

恐龙
白垩纪晚期

时间轴（数百万年前）

540	505	438	408	360	280	248	208	146	65	1.8 至今

纤角龙

目 · 鸟臀目 · 科 · 纤角龙科 · 属 & 种 · 纤细纤角龙

纤角龙是一种原始的角龙，它会和其他体形更大的亲戚生活在一起。由于它体形较小，或许它可以吃到那些体形较大的食草动物碰不到的植物。

重要统计资料

化石位置：加拿大、美国西部

食性：食草动物

体重：68 千克

身长：1.8 米

身高：未知

名字意义："有着纤细的角的面孔"

分布：至今为止，我们已经在加拿大的阿尔伯塔和美国的怀俄明州发现了纤角龙化石

化石证据

1910 年，人们在加拿大阿尔伯塔附近的荒地中发现了第一批纤角龙化石。部分骨架已经被侵蚀掉了，然而即便如此，最终人们还是挖掘出了两具纤角龙骨架。目前人们已经发现了一些纤角龙的头骨，它的头很大。它的前肢比后肢短，说明它可以站立，甚至可以直立行走。由于纤角龙自身不具备什么明显的防御机制，非常容易受到攻击，所以我们能发现它的骨层也就不足为奇了。骨层表明它们会成群行动。

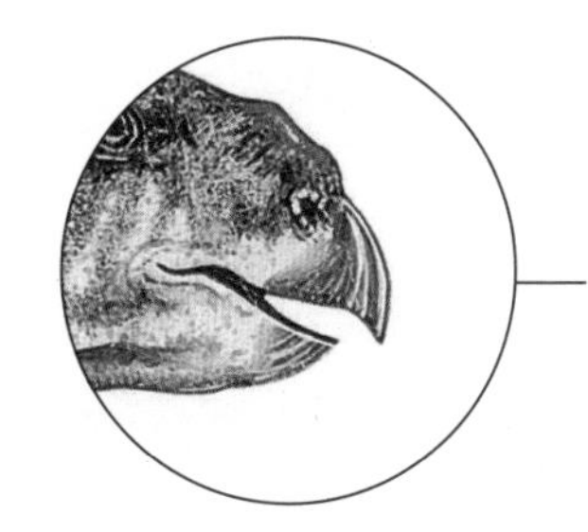

喙

纤角龙可以用喙来抵御天敌，它的喙和鹦鹉的一样，可以咬断伤齿龙或一只年轻暴龙的前肢。

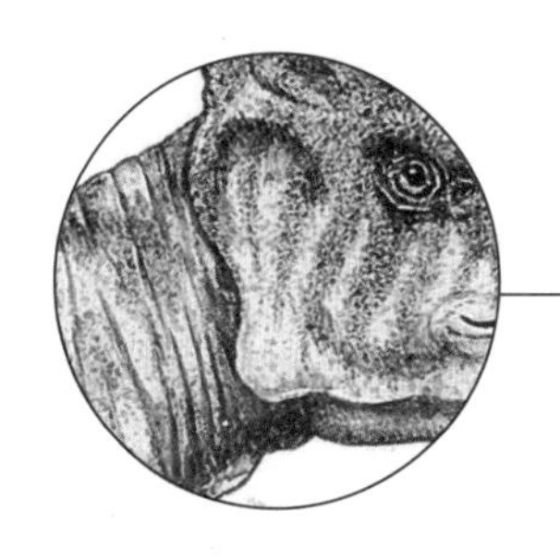

头盾

纤角龙的颈部周围有较短的头盾，可能这些头盾实在太短了，以至于无法起到保护作用。

恐龙
白垩纪晚期

时间轴（数百万年前）

540 | 505 | 438 | 408 | 360 | 280 | 248 | 208 | 146 | 65 | 1.8 至今

马扎尔龙

目·蜥臀目·**科**·未分类·**属&种**·达契亚马扎尔龙

重要统计资料

化石位置：罗马尼亚（在一片原先属于匈牙利的地区）

食性：食草动物

体重：900千克

身长：6~8米

身高：未知

名字意义：“马扎尔的蜥蜴”，得名于匈牙利的主体民族马扎尔

分布：马扎尔龙曾经生活在罗马尼亚的胡内多阿拉地区，那时欧洲的大部分地区都在水下

化石证据

目前尚不清楚我们能从马扎尔龙化石中得出什么结论。马扎尔龙的体长小于8米，是已知体形最小的泰坦巨龙科恐龙。这可能是因为当时欧洲大部分地区都位于水下，马扎尔龙在小岛上生活，那里植被有限，捕食者也更少，因此马扎尔龙的体形受到了一定限制。一些科学家已经在那片地区鉴定出了马扎尔龙属中的三个物种。然而，有些古生物学家认为这些化石可能属于不同的恐龙。

相较于那些体形更大的蜥脚类恐龙亲戚，马扎尔龙就是个小矮子，它的体形只有它们的四分之一大小，四肢十分细长，而且体重也很轻。同时它也是最后一种蜥脚类恐龙。除此之外，我们对它所知甚少。

嘴

人们曾认为马扎尔龙的小牙齿很适合吃水生植物，不过现在我们知道它其实生活在陆地上。

脖子

因为马扎尔龙的脖子很长，所以有人猜测它可能生活在水中，需要依靠水的浮力来支撑脖子，不过目前已知的所有蜥脚类恐龙都生活在陆地上。

恐龙
白垩纪晚期

时间轴（数百万年前）

540	505	438	408	360	280	248	208	146	65	1.8 至今

玛君龙

目·蜥臀目·**科**·阿贝力龙科·**属&种**·凹齿玛君龙

玛君龙是一个捕食者，它很可能会用大嘴抓住猎物，直到猎物屈服才松开——就像现代的猫一样。在玛君龙所处的环境中，它是顶级捕食者。

重要统计资料

化石位置：马达加斯加

食性：食肉动物

体重：未知

身长：8~9 米

身高：未知

名字意义："马哈赞加的蜥蜴"，因为它的化石是在马达加斯加北部的马哈赞加被发现的

分布：玛君龙曾经生活在马达加斯加，后来它又通过大陆桥梁到达了南美洲和印度

头骨

玛君龙头骨的纹理十分粗糙，口鼻部顶端有一块加厚的骨头，另外它的眼睛上方还有一个圆角。

化石证据

在玛君龙被发现之后，人们根据一个头骨碎片，误以为它是一种厚头龙，并将它命名为玛君龙。这个错误在 1998 年被纠正了，因为当时人们发现了迄今为止最完整的恐龙头骨之一。现在人们认为玛君龙是一种兽脚亚目恐龙，而且它也是极少数有证据表明会同类相食的恐龙之一。它可能只是吃其他玛君龙的尸体，而不会去主动捕食同类，抑或是它只会吃那些被自己打败的玛君龙，不过人们在许多玛君龙骨头上都发现了同类的牙齿痕迹。

后肢

虽然玛君龙的前肢化石并不完整，但明显它的前肢很短，后肢则更长一些，而且很结实。

恐龙
白垩纪晚期

时间轴（数百万年前）

540	505	438	408	360	280	248	208	146	65	1.8 至今

满洲龙

目 · 鸟臀目 · 科 · 鸭嘴龙科 · 属 & 种 · 阿穆尔满洲龙

满洲龙是第一种被命名的中国恐龙，它是一种平头恐龙，头上没有冠。

重要统计资料

化石位置：中国

食性：食草动物

体重：未知

身长：8 米

身高：4.9 米

名字意义：“满洲的蜥蜴”，得名于发现地中国的黑龙江省

分布：迄今为止，人们只在中国的东北地区发现了满洲龙化石

化石证据

1914 年，人们发现了一具不完整的满洲龙骨架。它是一种鸭嘴龙，属于鸭嘴龙科，人们曾经对这类恐龙所知甚少。早期的种种错误判断表明，分析化石是很困难的。先前人们认为鸭嘴龙生活在水中，尾巴可以推动它们前进，脚上的蹼可以让它们游得更快。可后续研究表明，所谓的“蹼”其实是脚垫，而且由于鸭嘴龙尾巴中有骨质肌腱，所以它的尾巴很僵硬，无法起到推动作用。

喙

满洲龙的喙上没有牙齿，它可以用喙将植物咬下来，然后用颊齿将之磨碎。

尾巴

满洲龙的尾巴很窄，由于其中有骨质肌腱，所以比较僵硬。当它用后腿直立奔跑时，尾巴可以保持平衡。

恐龙
白垩纪晚期

时间轴（数百万年前）

540 | 505 | 438 | 408 | 360 | 280 | 248 | 208 | 146 | 65 | 1.8 至今

微角龙

目 · 鸟臀目 · 科 · 原角龙科 · 属 & 种 · 戈壁微角龙

微角龙是已知最小的角龙，它长着头盾和角质喙，由于它跑得很快，所以它能轻松避开攻击者。

重要统计资料

化石位置：蒙古国南部、中国北部

食性：食草动物

体重：4~7 千克

身长：80 厘米

身高：未知

名字意义："长着小角的面庞"，可能是指它头部长着小角

分布：人们在如今的中国和蒙古国发现了微角龙化石

喙

微角龙的喙像鹦鹉的喙，它可能会以当时的优势植物（在数量、体积和群落学作用上最为重要的植物）为食，包括针叶树、蕨类植物和苏铁植物。它会用喙咬下树叶和针叶。

化石证据

虽然小型恐龙的化石非常少见，但和那些体形更大的动物相比，它们的化石通常被保存得更好。小型恐龙的化石之所以少见，是因为它们更加脆弱。但由于那些体形更大的动物的尸体往往更加分散，而且会在埋葬前被侵蚀得更加厉害，所以一般小型恐龙的化石会更加完整。微角龙的体长小于 80 厘米，它的亲戚原角龙的体长则长达 1.8 米。1953 年，人们首次描述微角龙，但由于它当时的名字已经被一种姬蜂占用了，所以 2008 年人们又给它取了新名字。

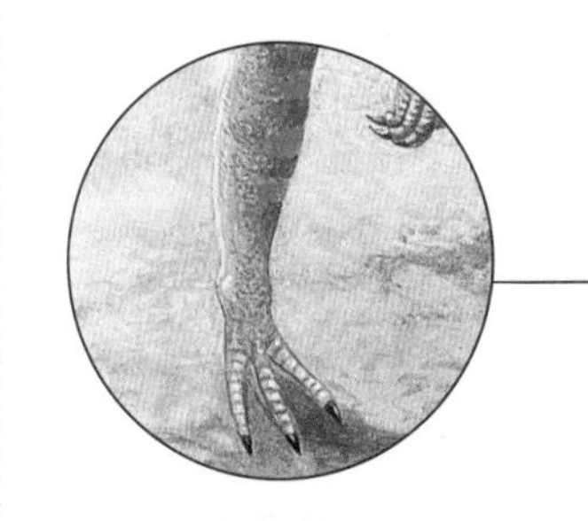

后肢

微角龙是一种两足恐龙，由于它小腿的长度是大腿的两倍，且脚也十分瘦长，所以可以跑得很快。

恐龙
白垩纪晚期

时间轴（数百万年前）

540 | 505 | 438 | 408 | 360 | 280 | 248 | 208 | 146 | 65 | 1.8 至今

蒙大拿角龙

目 · 鸟臀目 · 科 · 纤角龙科 · 属 & 种 · 角嘴蒙大拿角龙

蒙大拿角龙是一种中等大小的角龙。它的头盾和鼻角都比较小，下颌强壮有力，它的喙和鹦鹉的很像。

重要统计资料

化石位置：美国、加拿大

食性：食草动物

体重：450 千克

身长：1.8~3 米

身高：未知

名字意义：“蒙大拿州有角的面孔”，因为它的化石是在美国的蒙大拿州被发现的

分布：人们在美国的蒙大拿州和加拿大的阿尔伯塔发现了蒙大拿角龙化石

化石证据

人们发现的第一批蒙大拿角龙化石是一些碎片：一块部分头骨（其中大部分都缺失了）、一些脊椎骨以及盆骨和后腿的碎片。当时人们误以为这些碎片是属于纤角龙的。由于后来有了更多发现，所以人们重新鉴定了这些化石碎片，古生物学家也由此推测蒙大拿角龙可能是一种群居动物，并且有着抚育后代的本能。由于在同一片区域的骨层中发现了大量标本，说明这种恐龙有群居习惯。

后腿

蒙大拿角龙的后腿比前腿更长，因此它的背部会向前倾斜。

头盾

一些人认为雄性蒙大拿角龙的头盾比雌性的更大，说明头盾可以用来吸引异性。

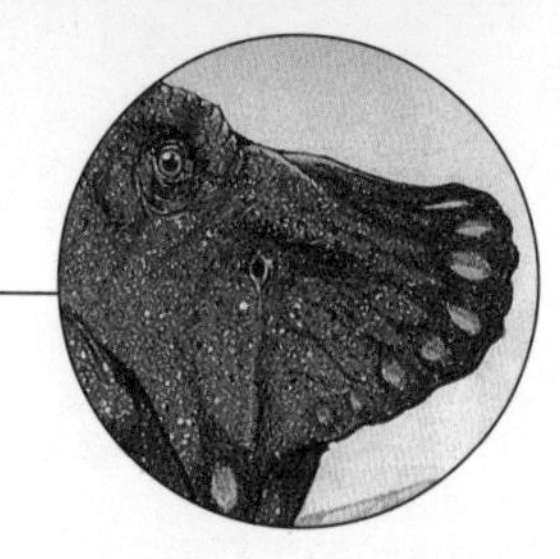

恐龙
白垩纪晚期

时间轴（数百万年前）

540	505	438	408	360	280	248	208	146	65	1.8 至今

矮暴龙

目 · 蜥臀目 · 科 · 暴龙科 · 属 & 种 · 兰斯矮暴龙

和暴龙一样，矮暴龙的眼睛也是朝向前方的，这说明它可以判断猎物的大小以及进攻的距离和角度。在捕食时它可能会先埋伏起来，然后对猎物发动突袭。

重要统计资料

化石位置：美国西部

食性：食肉动物

体重：900 千克

身长：5~6 米

身高：未知

名字意义：“小型暴龙”，因为和其他暴龙相比，它的体形很小

分布：人们已经在美国的蒙大拿州和南达科他州发现了矮暴龙化石

化石证据

古生物学家对矮暴龙化石有着不同的看法。矮暴龙是身世一直是个令人头痛的问题。1946 年，人们首次发表有关矮暴龙的化石研究，而当时的研究材料有限，仅有一个完整的头骨，因此几十年来有关它身世的争论就没停过。

牙齿

矮暴龙的牙齿非常锋利，可以从猎物身上咬下一大块肉，但那些牙齿并不适合咀嚼，因此矮暴龙会将食物整个吞下。

前肢

矮暴龙的前肢如此之短，以至于它都无法碰到自己的嘴。矮暴龙可能只会用前肢按住猎物。

恐龙
白垩纪晚期

时间轴（数百万年前）

540	505	438	408	360	280	248	208	146	65	1.8 至今

南雄龙

目·蜥臀目·**科**·镰刀龙科·**属&种**·短棘南雄龙，步氏南雄龙

南雄龙是一种镰刀龙科恐龙，我们已经发现了其中的两个物种——短棘南雄龙和步氏南雄龙，这两个物种都是在中国被发现的，而且都生活在白垩纪晚期。二者的化石都是零碎的。

重要统计资料

化石位置：中国

食性：可能是杂食动物

体重：600 千克

身长：4 米

身高：未知

名字意义："南雄蜥蜴"，因为它是在中国广东省南雄市被发现的

分布：迄今为止，人们已经在中国发现了南雄龙化石

化石证据

南雄龙的化石记录很少。迄今为止，我们只发现了一个不完整的盆骨和脊椎。换句话说，我们没有发现南雄龙的头骨、肢体和尾巴，因此我们都是基于它和其他亲戚的对比，来推测它的长相和生活习性。南雄龙是一种镰刀龙科恐龙，会用后肢行走，脚上长着四个脚趾。它的前肢十分灵活，因此它可以将身体向前伸展。南雄龙和其他亲戚的区别在于，它的颈部肋骨已经萎缩了，并且和颈椎融合在了一起。

前肢

作为一只镰刀龙科恐龙，南雄龙的前肢上可能长着爪子，要么用于捕捉蜥蜴和小型哺乳动物，要么用于抓紧树枝。

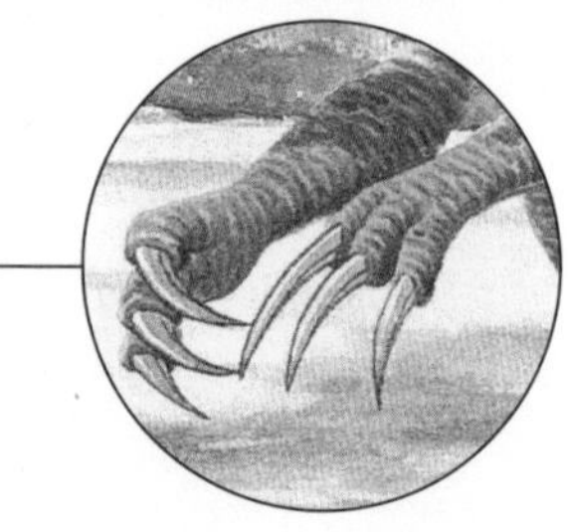

身体

古生物学家推测南雄龙应该和它的表亲北票龙很像，因此它的身上可能也会有羽毛覆盖。

恐龙
白垩纪晚期

时间轴（数百万年前）

540	505	438	408	360	280	248	208	146	65	1.8 至今

纳摩盖吐龙

目 · 蜥臀目 · 科 · 纳摩盖吐龙科 · 属 & 种 · 蒙古纳摩盖吐龙

纳摩盖吐龙是一种泰坦巨龙类恐龙，这类恐龙都是体形巨大的蜥脚类恐龙。目前我们对纳摩盖吐龙知之甚少，但它可能和它的亲戚一样，身上长有甲胄。泰坦巨龙类恐龙和所有非鸟型恐龙一样，都在白垩纪晚期灭亡了。

重要统计资料

化石位置：蒙古国

食性：食草动物

体重：未知

身长：12 米

身高：未知

名字意义："纳摩盖吐蜥蜴"，因为它是在蒙古国的纳摩盖吐谷被发现的

分布：人们在如今蒙古国南部的戈壁沙漠发现了纳摩盖吐龙化石

化石证据

一般白垩纪晚期的蜥脚类恐龙化石都会缺少头骨，但我们却发现了纳摩盖吐龙的部分头骨和脖子。纳摩盖吐龙的头骨和梁龙的很像，不过我们不能确定二者之间是否存在关系，因为梁龙生活在侏罗纪晚期，比纳摩盖吐龙早了数百万年。和其他蜥脚类恐龙一样，纳摩盖吐龙的前颌也长有钉状牙齿，可以将植物咬下来。它的脖子很长，可以在树林中寻觅树叶。

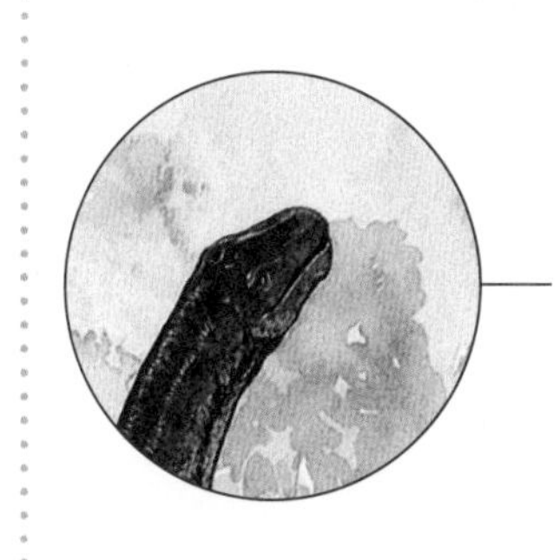

嘴

纳摩盖吐龙的牙齿比较钝，它可能会将树叶从树枝上咬下来，然后不加咀嚼就吞下去。

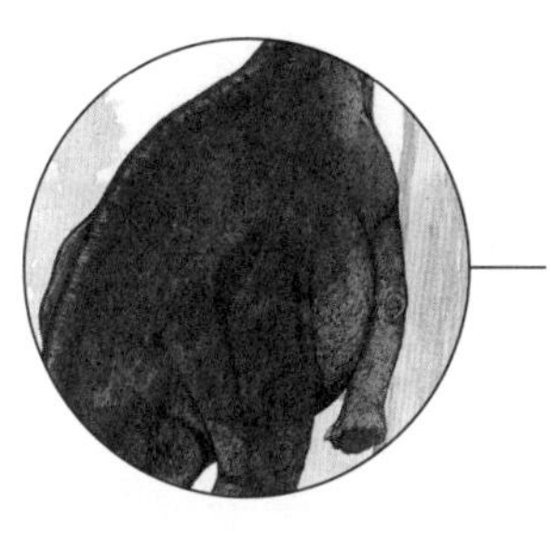

身体

如果纳摩盖吐龙真的有甲胄的话，那么它庞大的身躯应该是有甲胄保护的。它的肚子非常大，可以用来消化所有被它吃进去的植物。

恐龙
白垩纪晚期

时间轴（数百万年前）

540	505	438	408	360	280	248	208	146	65	1.8 至今

内乌肯龙

目 · 蜥臀目 · **科** · 萨尔塔龙科 · **属 & 种** · 南方内乌肯龙

内乌肯龙是一种以小群落的方式生活的蜥脚类恐龙。为了获得所需的能量，它每天都会用大量的时间吃东西，而且为了适应食物来源的变化，它可能还会进行季节性迁徙。

重要统计资料

化石位置：阿根廷

食性：食草动物

体重：未知

身长：10~15 米

身高：未知

名字意义："内乌肯的蜥蜴"，因为它发现于阿根廷的内乌肯省

分布：内乌肯龙曾生活在南美洲的阿根廷和乌拉圭

化石证据

内乌肯龙是一种泰坦巨龙类恐龙，背部有椭圆形甲胄保护。除了澳洲之外，我们在其他几个大洲都发现了泰坦巨龙的化石。一些古生物学家认为，它们的甲胄可能是一种适应性特征，对它们的存活至关重要。许多蜥脚类恐龙都在侏罗纪末期灭绝了，这可能是因为它们身上没有甲胄，所以很容易遭到食肉动物的攻击。与之相比，泰坦巨龙非但存活了下来，而且还遍布全球，它并没有像其他许多恐龙一样，只生活在某个特定的地理范围中。

皮内成骨

内乌肯龙的背部嵌有椭圆形的骨质皮内成骨，当它遇到大型捕食者时，这些皮内成骨可以起到保护作用，甚至可能起到威慑作用。

身体

内乌肯龙需要一个巨大的肚子来消化吃进去的植物，它可能会吞下胃石（小石子）来帮助分解植物。

恐龙
白垩纪晚期

时间轴（数百万年前）

540	505	438	408	360	280	248	208	146	65	1.8 至今

日本龙

目 · 鸟臀目 · 科 · 鸭嘴龙科 · 属 & 种 · 萨哈林日本龙

人们在日本领地上发现的第一种恐龙就是日本龙，它是一种小型鸭嘴龙，头部较宽，脖子较短，喙很长。它会用两条腿行走。

重要统计资料

化石位置：俄罗斯

食性：食草动物

体重：未知

身长：7.6 米

身高：未知

名字意义："日本的蜥蜴"，因为发现这种恐龙的岛屿当时正被日本占领

分布：人们是在库页岛南部发现日本龙化石的，该岛屿现在属于俄罗斯

化石证据

1934 年，人们在建造一所医院时发现了日本龙化石，1937 年又发现了更多该标本的化石。当时人们根据一具保存较差的骨架，将这种恐龙鉴定为日本龙。那具骨架并不完整，其中包括它的头骨碎片、部分前肢以及大部分后肢。人们认为该标本差不多保存了日本龙 60% 的骨架，可即便如此，人们依然对它知之甚少。一些古生物学家认为，那个标本其实是一只未成年的牙克煞龙，牙克煞龙是另一种鸭嘴龙。

冠

日本龙有一个圆顶状的短冠，其中有连接鼻子和喉咙的空气通道，或许可以让它发出响声。

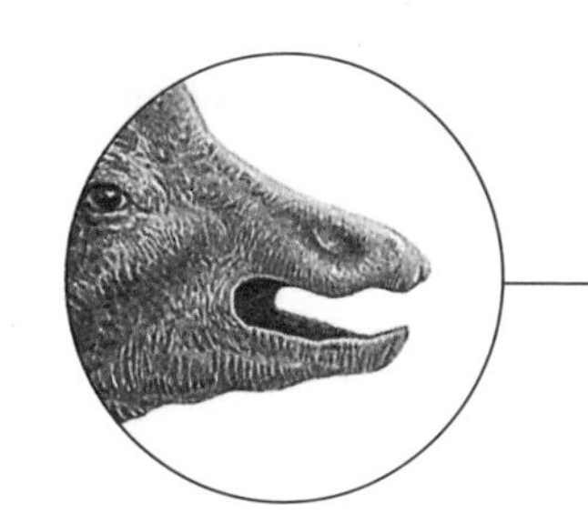

嘴

虽然日本龙的喙上没有牙齿，但是它嘴中长着成百上千颗小牙齿，可以将吃下去的植物磨碎。

恐龙
白垩纪晚期

时间轴（数百万年前）

540 | 505 | 438 | 408 | 360 | 280 | 248 | 208 | 146 | 65 | 1.8 至今

西北阿根廷龙

目·蜥臀目·**科**·阿贝力龙科·**属 & 种**·李尔氏西北阿根廷龙

重要统计资料

化石位置：阿根廷

食性：食肉动物

体重：15 千克

身长：1.8~2.4 米

身高：未知

名字意义："阿根廷西北部的蜥蜴"，得名于它的发现地（原名中的 NOA 是西班牙语"阿根廷西北部"的缩写）

分布：西北阿根廷龙曾生活在现在阿根廷的西北部

化石证据

西北阿根廷龙证明了分析化石证据是一件多么困难的事情。原先人们以为它的第二个脚趾上长着一个可伸缩的爪子，一种叫作驰龙的兽脚亚目恐龙也具备这个特征。但是西北阿根廷龙和驰龙的关系并不是很密切。经过进一步研究后，古生物学家发现那个爪子其实长在西北阿根廷龙的前肢上。一开始人们在描述西北阿根廷龙时，将它归类为西北阿根廷龙科，不过它的下颌和阿贝力龙的很像，现在它已经被归类为阿贝力龙科了。

西北阿根廷龙的体重很轻，是一种高效的捕食者。它可能会成群攻击未成年的蜥脚类恐龙。

腿

西北阿根廷龙的腿很长，因此它可以跑得很快。它是当时速度最快的动物之一，奔跑速度可达 56 千米 / 小时。

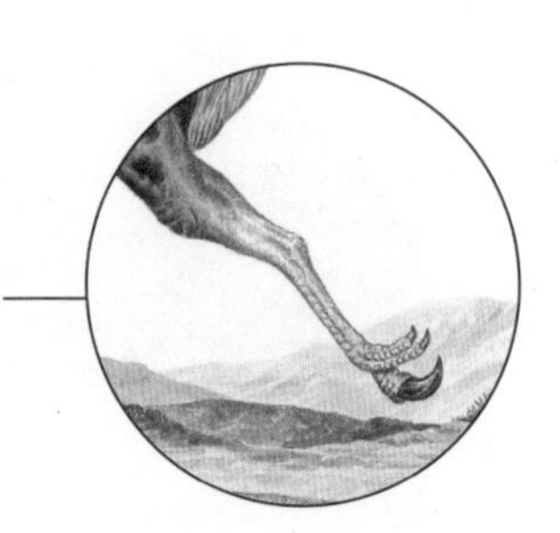

前肢上的爪子

西北阿根廷龙的前肢很长，说明它可以很好地运用大爪子去攻击。

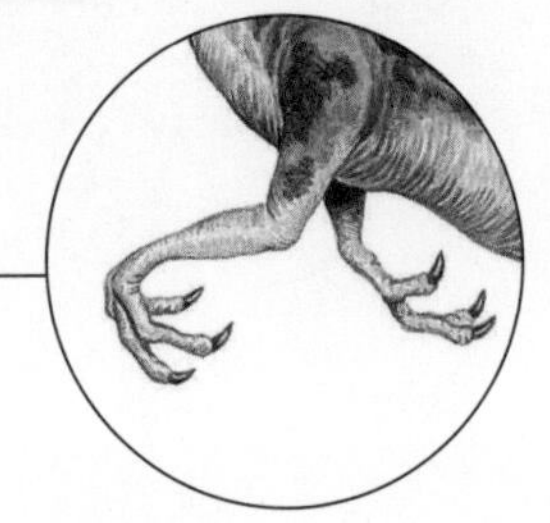

恐龙
白垩纪晚期

时间轴（数百万年前）

540	505	438	408	360	280	248	208	146	65	1.8 至今

后凹尾龙

目 · 蜥臀目 · **科** · 萨尔塔龙科 · **属 & 种** · 斯氏后凹尾龙

大多数蜥脚类恐龙的身体是弯曲的，但后凹尾龙从脖子到尾巴几乎都是笔直的。它可以依靠腿和尾巴直立，从而碰到树叶。

重要统计资料

化石位置：蒙古国

食性：食草动物

体重：16.5 吨

身长：12 米

身高：未知

名字意义："后方中空的尾巴"，得名于它尾椎骨的后凹（后方中空）结构

分布：后凹尾龙曾经生活在蒙古国，那片区域如今是戈壁沙漠

尾巴

由于后凹尾龙的尾巴上有独特的关节，并且附着有巨大的肌肉，因此它的尾巴是向上倾斜的，而不是像其他蜥脚类恐龙的尾巴一样呈下垂状。

化石证据

目前人们还没有发现这种恐龙的头部和脖子化石，不过它的盆骨和大腿骨上都有齿痕，说明食腐动物会吃它的尸体。在后凹尾龙化石发现地附近，人们发现了纳摩盖吐龙的头骨化石，不过一些古生物学家认为这些化石其实都属于同一种恐龙。但后凹尾龙的椎骨非常独特：朝向尾巴末端那一侧是向内弯曲的，而朝向动物身体的那一侧则是向外弯曲的，或许后凹尾龙的尾巴可以推动它前进。

后肢

由于后凹尾龙的盆骨区域多长了一块椎骨，而且它的髋臼十分强壮，因此它可以用后肢直立，而其他蜥脚类恐龙则不行。

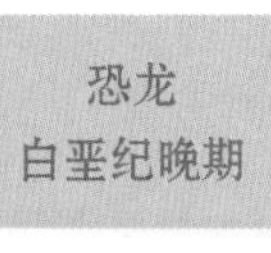

时间轴（数百万年前）

厚鼻龙

目 · 鸟臀目 · 科 · 角龙科 · 属 & 种 · 加拿大厚鼻龙

当厚鼻龙受到威胁时，可能会像现代犀牛一样，对攻击者发起进攻。它的头骨上有巨大的突起，可以用来推撞对手，这是一种有效的防御手段。

重要统计资料

化石位置：加拿大

食性：食草动物

体重：2 吨

身长：2 米

身高：未知

名字意义："有厚厚的鼻子的蜥蜴"，因为它鼻子上有一块骨头

分布：人们在加拿大的阿尔伯塔发现了厚鼻龙化石

化石证据

通过分析厚鼻龙的化石，我们知道它们可能会成群迁徙。1972年，古生物学家在阿尔伯塔派普斯通河的一处骨层中发现了一大群厚鼻龙化石，其中包括 14 块厚鼻龙头骨和 3500 块骨头。这批化石中既有幼龙标本，也有成年龙标本，说明厚鼻龙会照顾幼崽。这群厚鼻龙可能正试图渡河，抑或是被洪水淹没了。而且它们的尸体必然会被冲到河流下游，成为食腐动物的美食，厚鼻龙化石中的牙印恰好证明了这一点。

鼻子

厚鼻龙的鼻子上有一块巨大的骨垫，一些古生物学家认为那个骨垫可以用来支撑鼻角，不过厚鼻龙的鼻角并没有被保存在化石中。

头盾

厚鼻龙的头盾末端有角，另外头盾中央长有一条尖峰。

恐龙
白垩纪晚期

时间轴（数百万年前）

540 505 438 408 360 280 248 208 146 65 1.8 至今

胄甲龙

目 · 鸟臀目 · 科 · 结节龙科 · 属 & 种 · 胄甲龙

胄甲龙似乎不适合打斗，因为它没有其他甲龙身上的尾锤。但是它身上覆盖有甲胄，另外它的脖子、身体两侧、尾巴和肩膀上都长有尖刺，这些甲胄和尖刺或许可以威慑住大多数捕食者。

重要统计资料

化石位置：加拿大、美国西部

食性：食草动物

体重：3.9 吨

身长：5.5~7 米

身高：1.2 米

名字意义："全副武装的蜥蜴"，因为它有尖刺状甲胄

分布：胄甲龙曾经生活在加拿大的阿尔伯塔和美国的蒙大拿州

化石证据

目前人们发现了两个胄甲龙的标本碎片，其中一个标本中包含有一块几乎完整的头骨。根据那块头骨，人们发现胄甲龙有脸颊，当它吃东西的时候，脸颊可以防止食物从嘴中掉出来。事实上，由于这个头骨的细节非常清晰，因此当一些甲龙的头骨化石缺失时，人们会将胄甲龙的头骨作为其他甲龙的头骨模型。另外，胄甲龙的一部分甲胄也被保存在了化石中，而且人们发现它的甲胄和埃德蒙顿甲龙（与胄甲龙生活在同一时代的恐龙，也曾生活在北美洲）的很像，因此这两种恐龙的关系应该非常密切。

恐龙
白垩纪晚期

头

胄甲龙的头盔状骨板和它的头骨是融合在一起的，它的两颊覆盖有椭圆形骨板，这些骨板可以很好地保护它的头部。

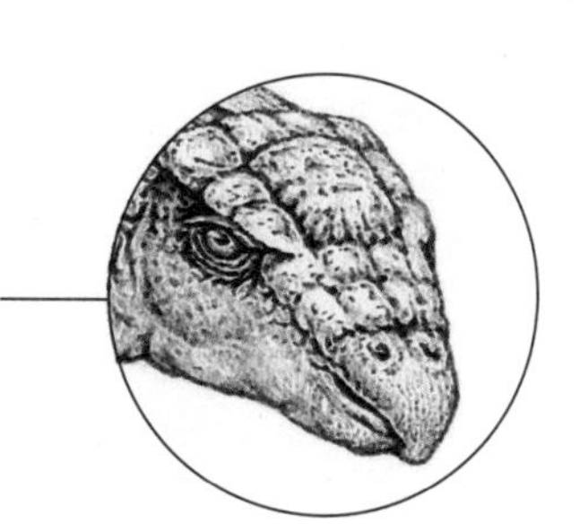

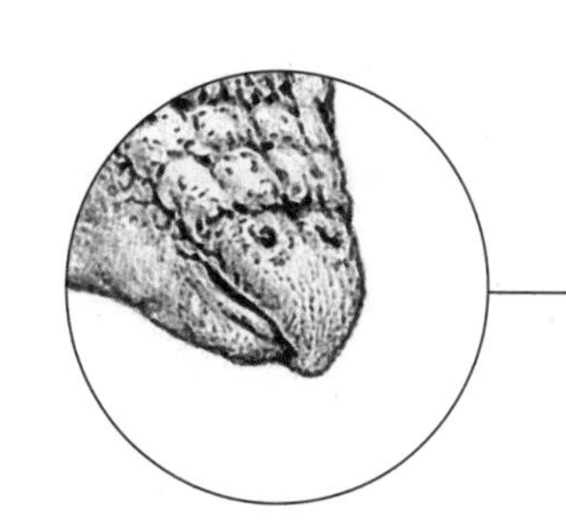

喙

由于身上的盔甲很重，所以胄甲龙只能以长在低处的植物为食。它可以用没有牙齿的喙将植物咬掉。

时间轴（数百万年前）

540	505	438	408	360	280	248	208	146	65	1.8 至今

帕克氏龙

目·鸟臀目·科·棱齿龙科·属&种·瓦氏帕克氏龙

重要统计资料

化石位置：加拿大

食性：食草动物

体重：70 千克

身长：2 米

身高：未知

名字意义："帕克斯的蜥蜴"，是为了纪念加拿大古生物学家威廉·亚瑟·帕克斯

分布：迄今为止，人们只在加拿大的阿尔伯塔发现了帕克氏龙化石

化石证据

目前人们只发现了一具不完整的帕克氏龙骨架。由于那只帕克氏龙死亡时向左侧倒下，因此大部分右侧身体都没有被保存在化石中。它的头和身体是分离的，另外脖子也丢失了。颇为奇怪的是它的肩带中有一块上肩胛骨，这样的骨头一般常见于蜥蜴中，不过人们也在其他鸟臀目恐龙身上发现过这块骨头。人们是通过比较帕克氏龙和同时代的奇异龙的骨头大小来推测帕克氏龙的体形的。奇异龙当时也生活在北美洲。

帕克氏龙是一种小型恐龙，可以直立行走。它的长尾巴可以与长脖子相互平衡。帕克氏龙可能拥有很好的视觉，它的大眼睛有骨环保护。

后肢

由于帕克氏龙没有什么明显的防御机制，所以可能只靠逃跑求生。

颌部

帕克氏龙的颌部很宽，其中长着不寻常的牙齿，牙齿上有些低矮的圆形脊状突起，应该是为了研磨植物。目前我们还没有在其他棱齿龙的身上发现这样的牙齿。

恐龙
白垩纪晚期

时间轴（数百万年前）

540	505	438	408	360	280	248	208	146	65	1.8 至今

五角龙

目 · 鸟臀目 · **科** · 角龙科 · **属 & 种** · 斯氏五角龙

在陆地脊椎动物中，五角龙的头骨是最大的，它的头盾和角都可以用来威慑捕食者和竞争者。五角龙是一种食草动物，和许多恐龙不同的是，它可以用颊齿充分咀嚼。

重要统计资料

化石位置：美国西南部

食性：食草动物

体重：6.6 吨

身长：7.5 米

身高：未知

名字意义："长着五个角的脸庞"，因为它脸上有三个角，颊上有两个尖刺

分布：五角龙曾生活在如今美国的新墨西哥州

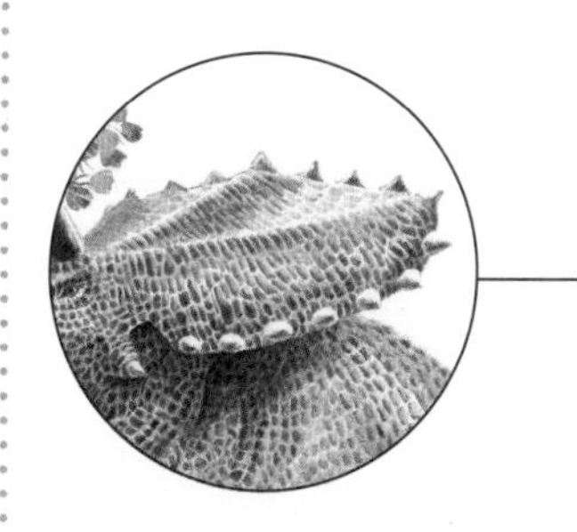

头盾

五角龙的头盾延伸到了背部中段，末端有骨质瘤状物。由于头盾中有大型窗孔或洞孔可以减轻其重量，所以对五角龙来说，头盾并非什么负担。

尖刺

五角龙之所以叫这个名字，是因为它有两个较大的眉角和一个较短的鼻角，且眼睛下方有两个尖刺。

化石证据

人们已经发现了九块五角龙的头骨和一些骨架化石。五角龙是一种食草动物，它可能以当时的优势植物为食：针叶树、苏铁植物和蕨类植物。从化石记录中我们可以看出，生物多样性在白垩纪晚期急剧减少。在最后一批五角龙出现没多久，地球上出现了一场生态危机，这次危机可能是由流星撞击导致的。阳光可能在危机中被挡住了，所以那些依靠光合作用的植物就受到了影响。那些食草动物也因食物匮乏而灭亡。

恐龙
白垩纪晚期

时间轴（数百万年前）

540	505	438	408	360	280	248	208	146	65	1.8 至今

绘龙

目·鸟臀目·**科**·甲龙科·**属&种**·谷氏绘龙

虽然绘龙有甲胄，但它的体重依然很轻。绘龙的头骨很长，每个鼻孔旁边会长有二到五个额外的洞，我们尚不清楚这些洞的作用。尽管绘龙生活在沙漠地区，但它可能是食草动物。

重要统计资料

化石位置：蒙古国、中国

食性：食草动物

体重：未知

身长：5.5米

身高：未知

名字意义：“木板蜥蜴”，因为它头上长着扁平的骨板

分布：绘龙曾经生活在亚洲，尤其是蒙古国和中国

化石证据

绘龙是亚洲甲龙中最知名的恐龙，目前人们已经发现了五块绘龙头骨和一具完整的骨架化石。人们在戈壁沙漠的德加多克塔组地层发现了第一个绘龙标本，该处地层还展现了当时栖息地的情况。那片地区沙丘遍布，水源匮乏，和如今的沙漠没什么区别。人们曾发现两组未成年绘龙化石被堆在一起，这些绘龙可能遭遇了沙尘暴。这些发现表明，同年龄的绘龙会聚集成群。

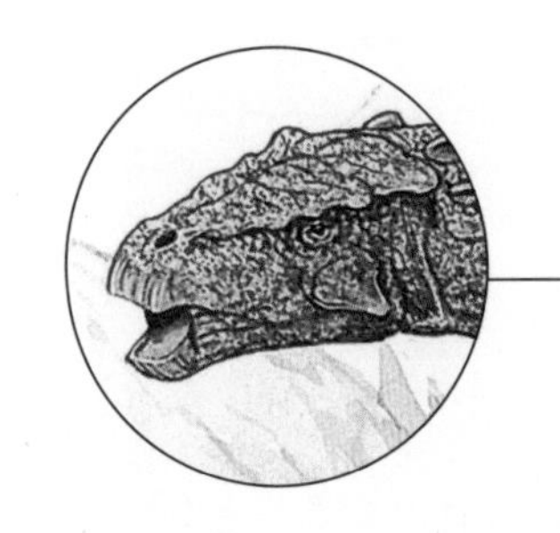

头骨

绘龙的头骨顶部有小型骨板保护。在绘龙幼年时，这些骨板是分开的，随着年龄增长而合成一块。

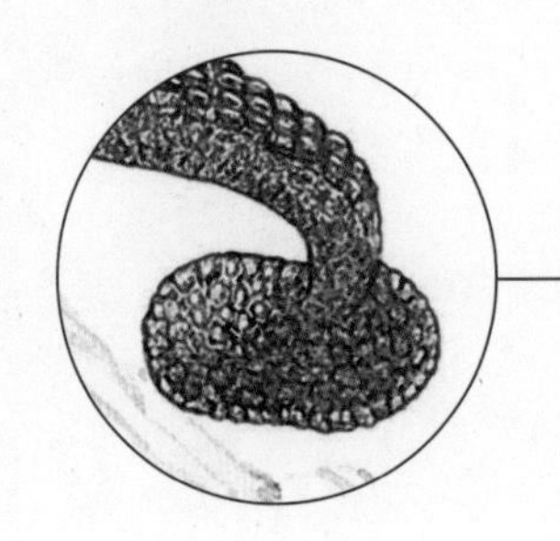

尾巴

绘龙的尾巴末端有一个骨锤，有点像一把双刃斧头，可以给其他捕食者以沉重的打击。

恐龙
白垩纪晚期

时间轴（数百万年前）

540	505	438	408	360	280	248	208	146	65	1.8 至今

倾头龙

目 · 鸟臀目 · 科 · 厚头龙科 · 属 & 种 · 下垂倾头龙

人们关于厚头龙究竟会不会互相撞头已经争论很久了，这样的争论一直延续至今。近期有研究表明，它们似乎无法承受这样的撞击，但最近又有研究说它们其实可以承受类似的撞击。

重要统计资料

化石位置：蒙古国

食性：食草动物

体重：135 千克

身长：2.4 米

身高：未知

名字意义：“倾斜的头部”

分布：倾头龙在如今的蒙古国分布过，也在北美洲有分布

化石证据

由于我们只发现了倾头龙的头骨和一些骨头，因此我们是根据厚头龙的常见特征来推测倾头龙的长相的。和大多数恐龙一样，我们尚不清楚它的饮食细节。但是相较于它的亲戚剑角龙来说，倾头龙的牙齿比较窄，说明它们吃的食物不一样。倾头龙的门牙很适合咬碎水果、种子和植物。倾头龙的生活范围可能更广一些，一些古生物学家认为它和生活在北美洲的圆头龙是同一种厚头龙。

眼睛

倾头龙的眼窝很大，说明它视力很好。如果它真如一些古生物学家所说，会抓昆虫来吃的话，良好的视力是很必要的。

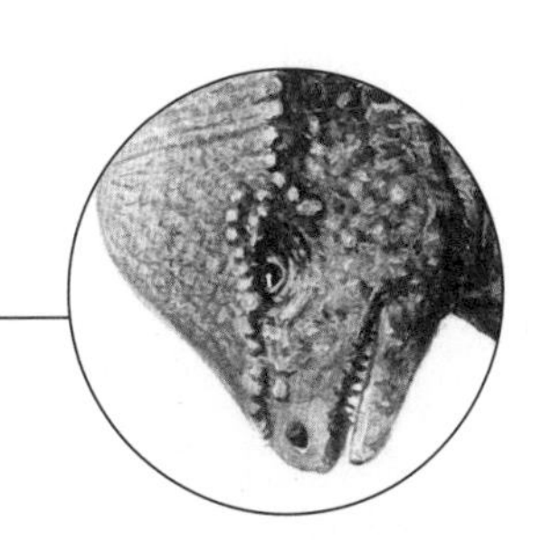

头

倾头龙有一个圆形的头顶。为了保护颅骨，它会延长背部较小的头盾。

恐龙
白垩纪晚期

时间轴（数百万年前）

540 | 505 | 438 | 408 | 360 | 280 | 248 | 208 | 146 | 65 | 1.8 至今

原栉龙

目 · 鸟臀目 · 科 · 鸭嘴龙科 · 属 & 种 · 巨原栉龙

原栉龙是一种鸭嘴龙，它的头很大，喙很适合将开花植物、灌木以及水果咬下来，嘴巴后面长有成千上万颗牙齿，可以将食物磨碎。

重要统计资料

化石位置：加拿大、美国

食性：食草动物

体重：2 吨

身长：8 米

身高：未知

名字意义：“栉龙之前的恐龙”，因为一开始人们认为它是栉龙的祖先

分布：原栉龙曾生活在加拿大的阿尔伯塔和美国的蒙大拿州

化石证据

1916 年，古生物学家巴纳姆 · 布朗描述了原栉龙，他在 1912 年还描述了栉龙。虽然这两种恐龙的名字十分相近，但它们的关系可能并没有这么密切。2004 年的一项研究表明，原栉龙和格里芬龙的关系要更近一些。根据在美国蒙大拿州发现的一处骨层，人们发现原栉龙有时会聚集在一起。人们推测当时正处于干旱时节，这些原栉龙是因为水源聚集到了一起。阿尔伯塔的化石记录表明，原栉龙通常生活在温暖的气候中，它会经历干湿两季。

冠

在原栉龙的眼睛上方有一个小型三角冠，这个冠既可以被用来区分雄性和雌性，还可以被用来区分不同的个体。

后肢

虽然原栉龙会以四足行走，但它可以依靠后肢直立，此时尾巴可以起到平衡作用。

恐龙
白垩纪晚期

时间轴（数百万年前）

540 | 505 | 438 | 408 | 360 | 280 | 248 | 208 | 146 | 65 | 1.8 至今

非凡龙

目 · 蜥臀目 · 科 · 纳摩盖吐龙科 · 属 & 种 · 东方非凡龙

我们对于非凡龙所知甚少。有意思的是，头骨是蜥脚类恐龙身上最罕见的部分，然而我们却主要是通过头骨来认识非凡龙和纳摩盖吐龙的。纳摩盖吐龙是非凡龙的近亲，它们生活的区域也很接近。

重要统计资料

化石位置：蒙古国

食性：食草动物

体重：未知

身长：最长可达 23 米

身高：未知

名字意义：“非凡的蜥蜴”，因为它的头骨很不寻常

分布：迄今为止，人们只在蒙古国发现了非凡龙化石

化石证据

人们仅在戈壁沙漠发现了一块非凡龙的部分头骨，该地区在白垩纪晚期是半干旱区域。非凡龙的耳孔很大，说明它的听力可能非常好。然而，人们对于非凡龙外表与习性的推测，大多都是基于其他已知的蜥脚类恐龙。它可能会成群迁徙，它的幼崽或许会由蛋中孵出，另外，它似乎是智力最低的恐龙之一。综上所述，非凡龙也有可能和纳摩盖吐龙是同一种恐龙。

嘴

非凡龙的钉状牙齿不太坚硬，很适合将柔软的植物咬下来，其中可能还包括水生植物。它会不加咀嚼地直接将食物吞下。

脖子

虽然我们还没有发现非凡龙的脖子，但是通过和其他蜥脚类恐龙的比较，我们知道它的脖子应该比较长。

恐龙
白垩纪晚期

时间轴（数百万年前）

540 | 505 | 438 | 408 | 360 | 280 | 248 | 208 | 146 | 65 | 1.8 至今

凹齿龙

目·鸟臀目·**科**·凹齿龙科·**属&种**·原始凹齿龙

凹齿龙身体笨重，前肢较短。它会直立行走，但当它进食时，很可能会四足着地。它可能以灌木、苏铁植物和蕨类植物为食。

重要统计资料

化石位置：欧洲

食性：食草动物

体重：450 千克

身长：4 米

身高：未知

名字意义："有凹槽的牙齿"，得名于它牙齿的形状

分布：凹齿龙曾生活在欧洲，尤其是法国、西班牙和罗马尼亚三国

化石证据

凹齿龙是第一批被人们发现的恐龙之一，人们在 1869 年就描述了这种恐龙。从那时起，古生物学家就一直在争论它的分类：目前它要么被归为禽龙，要么被归为棱齿龙。还有一些古生物学家认为凹齿龙其实是这两种恐龙之间的缺失环节。但它似乎和腱龙的关系最为密切，腱龙是一种原始禽龙。人们在位于罗马尼亚的哈提格岛发现了一个凹齿龙标本，这个标本比在法国和西班牙发现的标本都要小一些，较小的体形可能只是凹齿龙适应环境的表现。

前肢

凹齿龙的前肢很短，前肢上有五个指爪，它可能会用爪去抓长在低处的植物，然后将之放进嘴中。

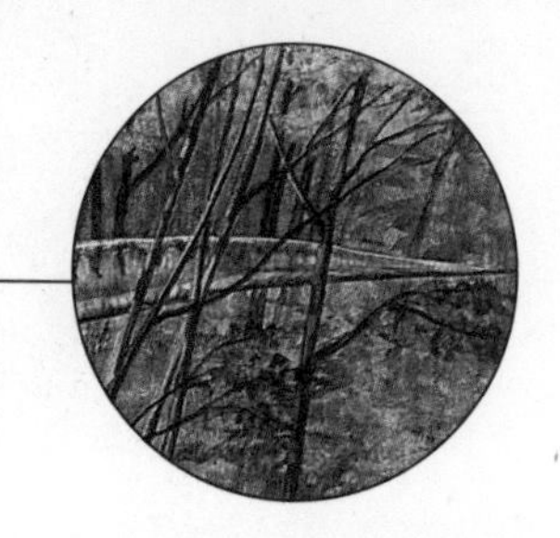

尾巴

当凹齿龙奔跑时，它的长尾巴可以保持身体平衡。为了躲避捕食者，它可能会曲折前行，而非沿直线奔跑。

恐龙
白垩纪晚期

时间轴（数百万年前）

540	505	438	408	360	280	248	208	146	65	1.8 至今

栉龙

目 · 鸟臀目 · 科 · 鸭嘴龙科 · 属 & 种 · 奥氏栉龙

栉龙主要会用两条腿行走，靠尾巴保持平衡。它的上喙向上弯曲。栉龙是一种食草动物，可能以细枝、种子和针叶为食，它会用颊齿将食物磨碎。

重要统计资料

化石位置：加拿大西南部、蒙古国

食性：食草动物

体重：2.9 吨

身长：9~12 米

身高：未知

名字意义：“有冠的蜥蜴”，因为它的头顶有小冠

分布：栉龙曾在两个大洲生活过，分别为亚洲和北美洲

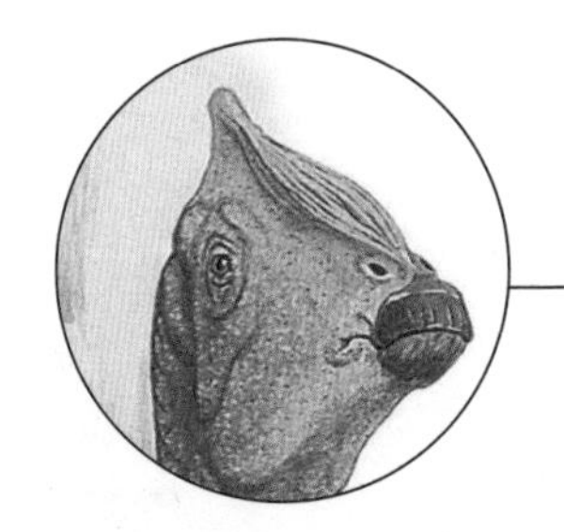

冠

栉龙的头骨后方长着一个朝上的尖状冠。未成年的栉龙也有冠，成年龙的冠约有 13 厘米长。

化石证据

一些古生物学家认为栉龙口鼻部上方的皮肤比较松弛。它可能会将这部分皮肤充满气，要么用于展示，要么用于发声。古生物学家推测，栉龙为了发出响亮的吼叫声，会通过吐气的方式将充满了气的皮肤泄气：空气经过冠饰，由鼻孔吐出，从而发出声音。栉龙可能会用响声来吸引异性或是威慑敌人。人们在亚洲和北美洲都发现了栉龙标本，说明这两个大洲之间曾有某种陆地通道。

眼睛

栉龙的眼睛有骨环支撑，这个骨环被称为巩膜环。栉龙是最早被发现具备此种特征的鸭嘴龙之一。

恐龙
白垩纪晚期

时间轴（数百万年前）

540 | 505 | 438 | 408 | 360 | 280 | 248 | 208 | 146 | 65 | 1.8 至今

蜥鸟龙

目 · 蜥臀目 · 科 · 伤齿龙科 · 属 & 种 · 蒙古蜥鸟龙

重要统计资料

化石位置：蒙古国

食性：食肉动物

体重：13~27 千克

身长：2~3.5 米

身高：未知

名字意义："有着鸟类外形的蜥蜴"，因为它的头骨和一种长着牙齿的鸟类的头骨很像

分布：蜥鸟龙曾经生活的地方现在是蒙古国的戈壁沙漠

化石证据

人们在 1924 年描述了蜥鸟龙，由于此前人们认为它是一种原始鸟类，所以给它取了这个名字。经过深入研究后，人们发现它其实是一种非鸟型恐龙。蜥鸟龙和伤齿龙很像，这说明当它们的共同祖先在北美洲生活时，曾存在一座连接亚洲和北美洲的大陆桥。这两种恐龙的眼窝都很大，古生物学家推测它们都在夜间有着良好视觉，这一特征为它们提供了明显的优势。它们可能还会捕食冷血的爬行动物，随着夜间温度降低，那些爬行动物的行动会变缓。

相较于它的体重来说，蜥鸟龙的大脑是所有恐龙中最大的。它可能有高度发达的听觉，另外它的视觉可能也非常敏锐，即便是在昏暗的环境中也可以看得清楚。

眼睛

蜥鸟龙是一种捕食者，由于它的大眼睛长在朝前的眼窝中，而非长在头部两边，所以它具备了双眼视觉。

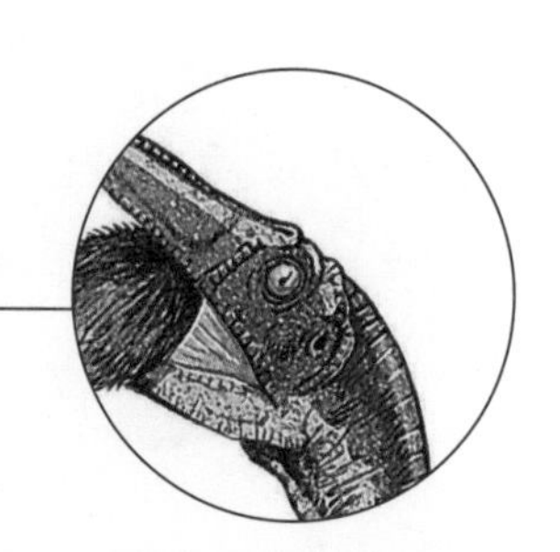

足

蜥鸟龙每只脚的第二个脚趾上都长有镰刀状的大趾爪，它可以用趾爪刺伤猎物。

恐龙
白垩纪晚期

时间轴（数百万年前）

540	505	438	408	360	280	248	208	146	65	1.8 至今

独孤龙

目·鸟臀目·**科**·鸭嘴龙科·**属 & 种**·独孤龙

独孤龙是一种小型鸭嘴龙，可能会成群行动。当它们在寻觅食物时，聚集成群能为它们提供一定的保护。它们可能以蕨类植物、针叶树和开花植物为食。

重要统计资料

化石位置：阿根廷

食性：食草动物

体重：未知

身长：3 米

身高：未知

名字意义："分开的蜥蜴"，因为其他鸭嘴龙标本都发现于北美洲，而这种鸭嘴龙发现于南美洲

分布：独孤龙曾生活在现今南美洲，尤其是阿根廷

化石证据

目前人们只发现了一块独孤龙的部分头骨和一些盆骨，其中包括髂骨。早在 1921 年，人们就发现了这些骨头，但是直到 1979 年才开始研究并鉴定它们。独孤龙是第一种在南美洲被发现的鸭嘴龙。由于它的化石都是碎片，所以古生物学家尚不清楚它究竟有没有冠。人们根据它的髂骨，将它鉴定为一种鸭嘴龙。但现在有一些古生物学家认为，那块髂骨在变成化石的过程中发生了变形。

嘴

独孤龙有几排可以自行磨尖的颊齿，当它在咀嚼较为坚硬的植物时，这些颊齿会相互摩擦。

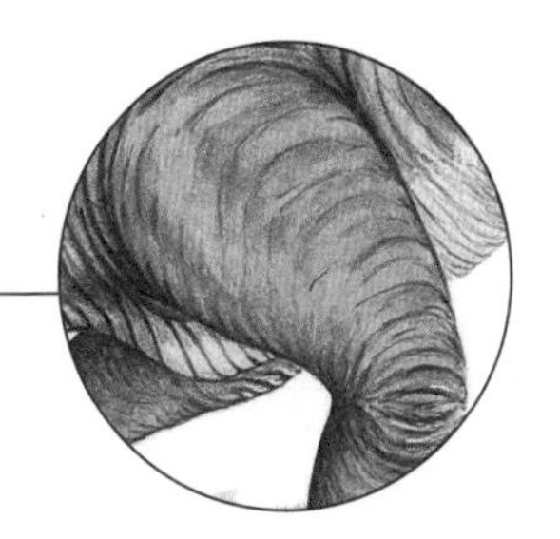

后腿

根据独孤龙的臀骨尺寸，我们可知它是一种小型恐龙。它可能既可以用两足行走，也可以用四足行走。

恐龙
白垩纪晚期

时间轴（数百万年前）

540	505	438	408	360	280	248	208	146	65	1.8 至今

山东龙

目 · 鸟臀目 · 科 · 鸭嘴龙科 · 属 & 种 · 巨型山东龙

重要统计资料

化石位置：中国

食性：食草动物

体重：最重可达 17.6 吨

身长：12~15 米

身高：未知

名字意义："山东蜥蜴"，因为它是在中国山东省被发现的

分布：山东龙曾生活在亚洲，尤其是现今的中国山东省

化石证据

人们在 1964 年发现了山东龙化石，随后在 1973 年描述了这种恐龙。目前人们发现的化石碎片来自于五个山东龙个体。这些化石都是在同一岩层中被发现的，不同山东龙的骨头混在一起，说明它们会成群生活，这或许可以保护自身不受暴龙伤害。暴龙是唯一一种大到可以攻击它的捕食者。不过山东龙最好的防御方式可能还是逃跑，化石表明它可以依靠强壮的后肢奔跑。

山东龙是一种食草动物，它的角质喙中没有牙齿，不过颚部长有成百上千颗小牙齿。山东龙会在沿海平原和洪泛平原觅食，它和北美洲的埃德蒙顿龙非常像，只是它的体形更大一些。

鼻孔

山东龙的鼻孔周围有一个大洞，上面可能覆盖着松弛的皮瓣，当皮瓣充足了气后可以发出声音。

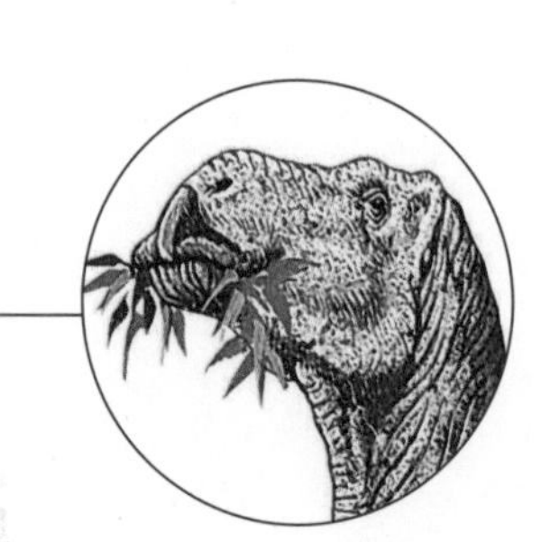

后肢

山东龙可能是体形最大的鸭嘴龙，它可以依靠强壮而又结实的后肢来支撑其体重。

恐龙
白垩纪晚期

时间轴（数百万年前）

540 | 505 | 438 | 408 | 360 | 280 | 248 | 208 | 146 | 65 | 1.8 至今

剑角龙

目·鸟臀目·**科**·厚头龙科·**属&种**·直立剑角龙

剑角龙是一种厚头龙，头骨后侧长有一圈骨突。它会以长在低处的植物为食。它们可能会成群生活，然后在遭遇攻击时散开。

重要统计资料

化石位置：加拿大、美国西部

食性：食草动物

体重：78 千克

身长：2 米

身高：未知

名字意义：“有顶的角”，因为一开始人们误以为它是一种角龙

分布：剑角龙曾经生活在北美洲，尤其是现今美国的蒙大拿州和加拿大的阿尔伯塔

化石证据

现存的剑角龙化石相对较少。这或许可以表明它曾经生活在丘陵地区，只有极少数化石可以在丘陵中保存下来。（其实当人们第一次发现剑角龙时，人们将它鉴定为了伤齿龙，直到后来又发现了更好的标本，这个错误才被纠正过来。）由于极少有厚头龙的头骨会被保存下来，但人们已经发现了好几个剑角龙的头骨，所以当古生物学家在复原其他厚头龙时，会参考剑角龙的头骨。人们发现了一个疑似雄性剑角龙的头骨，在它的圆顶状头骨周围有一圈骨突。

恐龙
白垩纪晚期

头骨

剑角龙的圆顶状头骨有8厘米厚。随着年龄增长，它的头骨会越来越厚，而且雄性的可能会更厚一些。

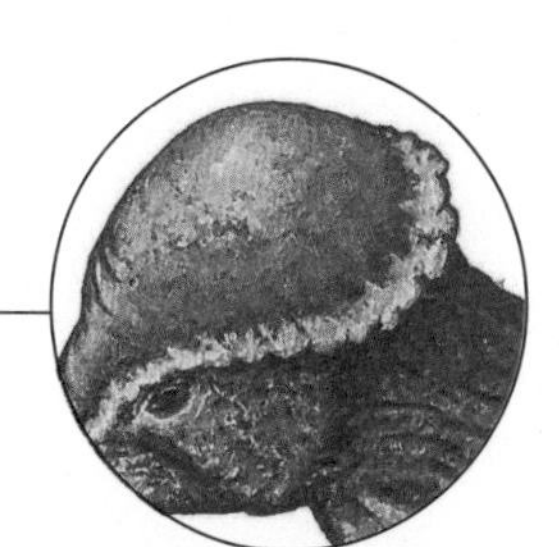

牙齿

剑角龙弯曲的牙齿有锯齿状边缘，并不适合用来吃坚硬的富含纤维的植物，所以它应该会以树叶和水果为食。

时间轴（数百万年前）

540	505	438	408	360	280	248	208	146	65	1.8 至今

似鸵龙

目 · 蜥臀目 · 科 · 似鸟龙科 · 属 & 种 · 高似鸵龙

似鸵龙可能是一个短跑健将, 对于恐龙来说, 它的奔跑速度已经非常快了。尽管它或许可以用脚爪划伤攻击者, 但奔跑可能才是它最好的防御机制。

重要统计资料

化石位置: 加拿大西部、美国东北部

食性: 可能是杂食动物

体重: 150 千克

身长: 3~4 米

身高: 未知

名字意义: "鸵鸟模仿者", 因为它的外表和鸵鸟很像

分布: 似鸵龙曾生活在北美洲, 尤其是美国的新泽西州和加拿大的阿尔伯塔

化石证据

这种动物究竟吃什么? 我们无法根据已有的化石得出结论。由于似鸵龙第二指和第三指的长度相同, 且无法分别做出不同的动作, 所以它的爪可能只能被当作钩子使用, 用来抓住树枝。由于我们在阿尔伯塔的红鹿河流域发现了如此多的似鸵龙标本, 可见这种恐龙无法完全依赖植物存活, 所以它可能是杂食动物。

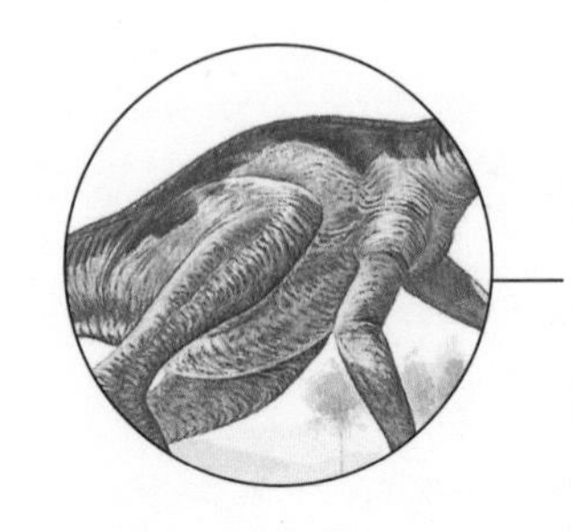

身体

似鸵龙的脖子和腿都很长, 它的头比较小, 眼睛很大, 看上去和鸵鸟很像。似鸵龙可能也长有羽毛。

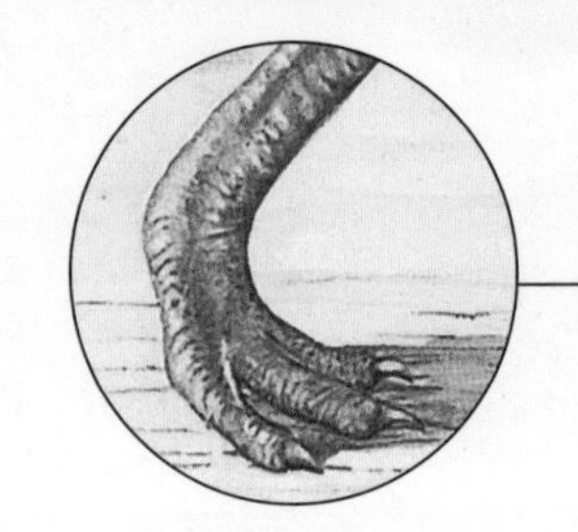

腿和足

似鸵龙的身体构造很适合奔跑。它的小腿比大腿更长, 另外它的足骨也很长。

恐龙
白垩纪晚期

时间轴 (数百万年前)

540	505	438	408	360	280	248	208	146	65	1.8 至今

冥河龙

目 · 鸟臀目 · 科 · 厚头龙科 · 属 & 种 · 多刺冥河龙

重要统计资料

化石位置：美国西部

食性：食草动物

体重：78 千克

身长：2~3 米

身高：未知

名字意义："来自冥河的恶魔"，因为它头上的角刺使它看起来宛如恶魔，而且它又是在地狱溪组地层被发现的，地狱溪的意思就是冥河

分布：冥河龙曾生活在美国，尤其是美国的怀俄明州和蒙大拿州

化石证据

人们在 19 世纪末期就发现第一批冥河龙标本，但由于标本数量太少，以至于人们无法描述这种恐龙。直到 1982 年，人们才正式描述了这种厚头龙，那时已有更多冥河龙化石被发现了。随后，人们在 1995 年有了一项重大发现：一具完整的冥河龙骨架。事实上，这是人们首次发现的头和身体都完好无损的厚头龙标本。曾有观点认为厚头龙都会相互用头骨撞击，但这个标本的出现让人们对该观点产生了质疑：冥河龙的脖子太过脆弱，是无法承受这样的撞击的。

恐龙
白垩纪晚期

冥河龙的圆顶状头骨比较小，头骨两侧略显扁平，每侧都长有凹凸不平的结节和三四个聚在一起的角。由于这些结节和角都极其脆弱，所以它们可能无法起到防御作用。

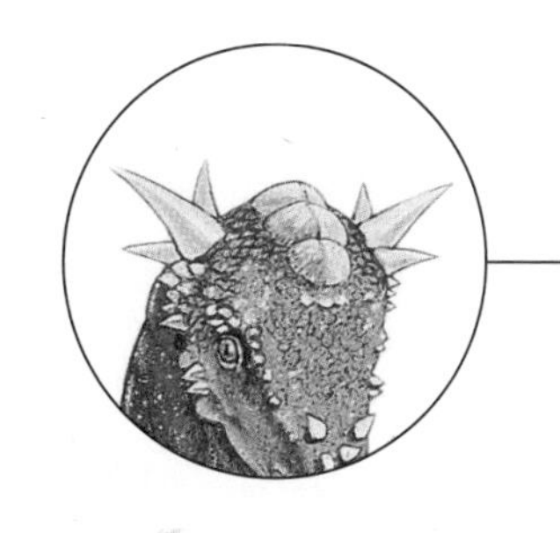

角

冥河龙的角只能起到展示作用。它的头后面长着两个长达 15 厘米的朝后的尖刺。

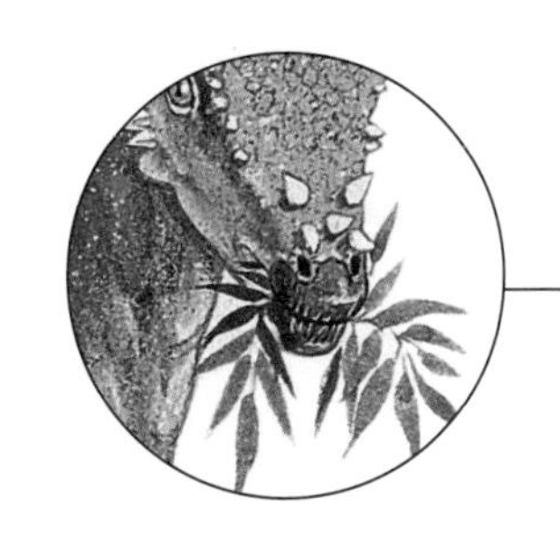

嘴

冥河龙嘴巴后面的牙齿符合食草动物的特征，但是它的嘴前长着锋利的门牙，这些门牙和食肉动物的很像。

时间轴（数百万年前）

540	505	438	408	360	280	248	208	146	65	1.8 至今

篮尾龙

目 · 鸟臀目 · 科 · 甲龙科 · 属 & 种 · 皱棘篮尾龙

篮尾龙的背部和臀部长有厚厚的骨板和中空的刺，二者能够起到很好的保护作用。然而，那些没有被骨板和刺吓退的捕食者，则很有可能会遭到篮尾龙尾锤的重击。

重要统计资料

化石位置：蒙古国

食性：食草动物

体重：0.8~1.1 吨

身长：5.7 米

身高：未知

名字意义："柳篮般的尾巴"，因为它尾巴中的骨头就像柳条一样

分布：篮尾龙曾生活在蒙古国，尤其是如今戈壁沙漠的东南区域

化石证据

20 世纪 50 年代，人们首次发现了 5 个篮尾龙个体的标本，其中包括一具几乎完整的骨架。虽然目前我们还无法全面描述这种恐龙，但我们知道在距今 9500 万年至 8800 万年前，篮尾龙可能像河马一样，游荡于洪泛平原肥沃的土地上。要想知道更具体的时间，我们需要将含有篮尾龙化石的岩石与另一处年代相似的岩石进行比较。然而，我们很少在白垩纪晚期的岩石中发现陆生生物化石。

鼻子

篮尾龙鼻子前面的鼻孔连在一起，组成了一个单独的开口。我们尚不清楚这样的构造有什么用处。

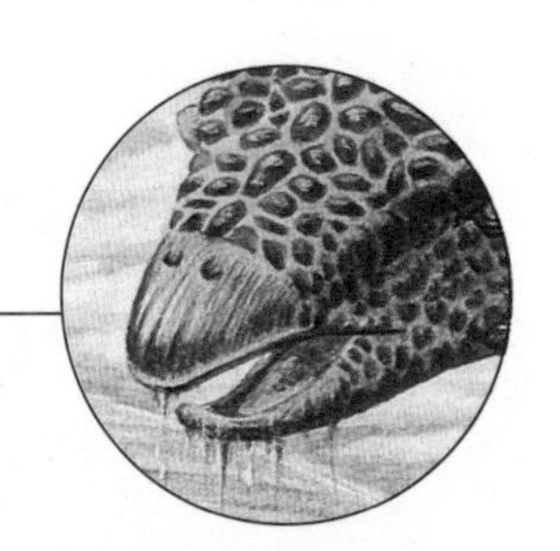

腿

篮尾龙的四肢短而粗壮，支撑起了这种甲龙沉重的身躯。它的脚十分宽大，脚上有较小的蹄状趾甲保护。

恐龙
白垩纪晚期

时间轴（数百万年前）

540	505	438	408	360	280	248	208	146	65	1.8 至今

镰刀龙

目 · 蜥臀目 · 科 · 镰刀龙科 · 属 & 种 · 龟型镰刀龙

重要统计资料

化石位置：蒙古国

食性：食肉动物

体重：3~7 吨

身长：10 米

身高：可能高过 5 米

名字意义："镰刀蜥蜴"，得名于它巨大的爪子

分布：迄今为止，我们只在蒙古国西南部的纳摩盖吐组地层发现了镰刀龙化石。但是，我们也在蒙古国的其他地区以及中国和美国都发现了镰刀龙科中其他属的恐龙

化石证据

镰刀龙是已知镰刀龙科恐龙中体形最大的恐龙。20 世纪 40 年代晚期，一支苏联化石探险队在现在蒙古国发现了首批镰刀龙化石，其中只有胳膊和爪子。到了 20 世纪 90 年代，人们在亚洲发掘出了更多完整的镰刀龙化石，其中一些化石还保存有羽毛。随后，人们在 2001 年和 2005 年描述了首批来自美国的镰刀龙物种，其中一个物种的数千个个体化石都保存在一处骨层中。随着新标本的出现，我们可以清楚地知道，镰刀龙是以食肉为主的非鸟型兽脚亚目恐龙的食草类分支。

恐龙
白垩纪晚期

镰刀龙长着有史以来最大的爪子，它的外貌可怕且令人费解。

除了一些鸟类之外，镰刀龙是唯一的食草类兽脚亚目恐龙。镰刀龙最显著的特征就是每个前肢上都长着三个巨大的爪子。在化石中，这些爪子的长度超过了 1 米。当镰刀龙活着的时候，爪子的指甲部分会有骨头覆盖，因此这些爪子的实际大小可能还要再增大三分之一。

爪子

一些人推测镰刀龙的长爪子是用来耙树枝或扒开蚁穴的。这些爪子的形状表明，它们似乎不能起到杀戮的作用。

脚趾

和其他兽脚亚目恐龙不同，镰刀龙科恐龙的后腿有四个承重的脚趾，其中第一趾已缩短成了悬爪。

时间轴（数百万年前）

540	505	438	408	360	280	248	208	146	65	1.8 至今

奇异龙

目 · 鸟臀目 · **科** · 棱齿龙科 · **属 & 种** · 漠视奇异龙

奇异龙是最晚出现的恐龙之一，在距今约 6600 万年前的白垩纪至第三纪大灭绝中灭亡。奇异龙的身躯较为沉重，前肢较短，尾巴很长，它能依靠后腿行走。

重要统计资料

化石位置：加拿大、美国西部

食性：食草动物

体重：300 千克

身长：3.4 米

身高：未知

名字意义：“令人惊讶的蜥蜴”，因为第一批研究它的古生物学家惊讶于发现了一种新恐龙

分布：奇异龙曾生活在美国的怀俄明州、蒙大拿州和南达科他州，还有加拿大的阿尔伯塔和萨斯喀彻温

化石证据

一个发现于 1993 年的奇异龙标本引起了相当大的争议。2000 年发表的一篇论文描述了作者是如何通过电脑断层扫描，发现奇异龙的心脏化石中有四个腔室的，由此可知奇异龙是一种恒温动物。这就证明了非鸟型恐龙在生理学上和鸟类及哺乳动物更为接近，而不是和冷血爬行动物更接近。然而，一些古生物学家仍然怀疑那个化石并不是心脏，因此他们也不认可上述推测。人们将那个标本称为“维洛”。

嘴

奇异龙可能以苏铁植物和开花植物为食，它有一个角质喙，嘴中长着较小的尖牙和树叶状颊齿。

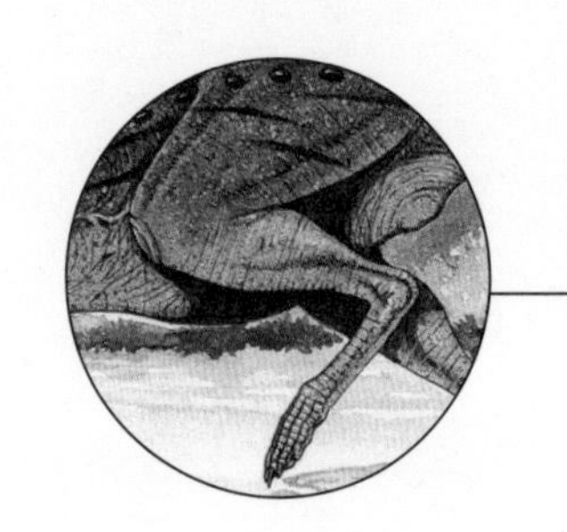

后肢

奇异龙的身体上没有明显的防御机制，因此它最好的防御策略可能就是逃跑。由于它的后肢十分强壮，所以它可能是一个短跑健将。

恐龙
白垩纪晚期

时间轴（数百万年前）

540 | 505 | 438 | 408 | 360 | 280 | 248 | 208 | 146 | 65 | 1.8 至今

泰坦巨龙

目·蜥臀目·**科**·泰坦巨龙科·**属 & 种**·印度泰坦巨龙

泰坦巨龙是最后一批生活在地球上的巨型蜥脚类恐龙之一。它的背上有骨板保护。

重要统计资料

化石位置：印度

食性：食草动物

体重：9.9~15.4 吨

身长：12~18 米

身高：未知

名字意义："泰坦的蜥蜴"，因为它的脊椎巨大（泰坦是古希腊神话中的巨神）

分布：阿根廷和匈牙利的一些标本都被人们归为泰坦巨龙，但其实人们只在印度发现了泰坦巨龙真正的标本

化石证据

1870 年，人们在印度发现了泰坦巨龙化石，其中包括肢骨和一些脊椎骨。之后很多年，泰坦巨龙都是一个"垃圾桶式分类单元"，也就是说，被归类为泰坦巨龙的标本都有着其他恐龙没有的特征。然而，后续发现表明，这些特征并不是独一无二的，实际上，它们是属于其他身份已被确认的恐龙的。也就是说，由于人们无法将泰坦巨龙和其他恐龙区分开来，所以如今大多数科学家都认为泰坦巨龙是"疑名"。

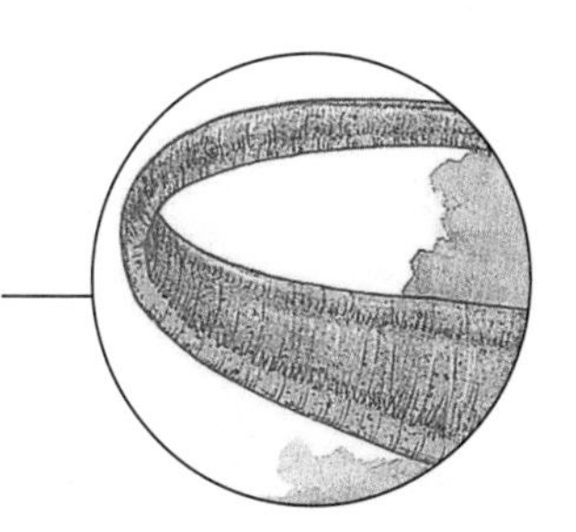

尾巴

泰坦巨龙的长尾巴可能起不到防御作用，只能与它的长脖子相互平衡。

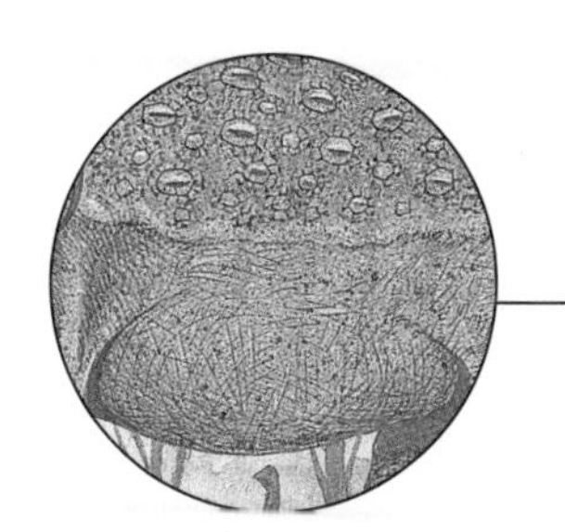

身体

泰坦巨龙巨大的胃中可能有胃石（小石子），可以帮它消化吃进去的大量植物。

恐龙
白垩纪晚期

时间轴（数百万年前）

540	505	438	408	360	280	248	208	146	65	1.8 至今

青岛龙

目 · 鸟臀目 · 科 · 鸭嘴龙科 · 属 & 种 · 棘鼻青岛龙

青岛龙是一种大型食草恐龙，长着一个无齿喙和一个强壮的颌部，嘴中长满了能够自行磨尖的牙齿。

重要统计资料

化石位置：中国

食性：食草动物

体重：2700 千克

身长：10 米

身高：未知

名字意义："青岛的蜥蜴"，因为它是在中国青岛附近被发现的

分布：迄今为止，人们只在中国发现了青岛龙化石

化石证据

我们从青岛龙身上可以看出分析化石是一件多么困难的事情。由于人们在复原青岛龙时，认为它的头上长着一个朝前的中空的细冠，就像独角兽的角一样，所以戏称它为"中国独角兽"。但是，一些古生物学家认为，那个冠要么是一个被放错位置的鼻骨，要么就是另一种动物的骨头。后来，人们发现了第二个青岛龙标本，其中也有同样的冠。如今有人争论说，那个冠并不是突出来的，而是平放在鼻子上的。

恐龙
白垩纪晚期

时间轴（数百万年前）

540 | 505 | 438 | 408 | 360 | 280 | 248 | 208 | 146 | 65 | 1.8 至今

膨头龙

目 · 鸟臀目 · 科 · 厚头龙科 · 属 & 种 · 吉氏膨头龙

我们尚不清楚为什么这种厚头龙的颅顶会如此之厚。由于膨头龙的大脑很小，因此它的颅顶可能不会起到保护作用。

重要统计资料

化石位置：蒙古国

食性：食草动物

体重：未知

身长：2.5 米

身高：未知

名字意义：“膨胀的头部”，因为它的头骨很厚

分布：迄今为止，人们只在现今蒙古国发现了膨头龙化石

化石证据

1974 年，人们根据一块不完整的头骨化石描述了膨头龙，那块头骨中没有口鼻部和颅顶。除了膨头龙之外，来自北美洲的剑角龙和冥河龙以及来自中亚的倾头龙也都是生活在白垩纪晚期的厚头龙科恐龙。根据已有化石，我们可知这些厚头龙的共同祖先是在亚洲进化的，随后它们通过大陆桥迁徙到了北美洲。奇怪的是，化石还显示这些北美洲的厚头龙随后又迁徙回了亚洲，并进化出了一些新物种，其中就包括膨头龙。

头

在所有厚头龙科恐龙中，膨头龙的颅顶是最高的。它向外展开形成了一圈头盾，边缘长有骨质突起。

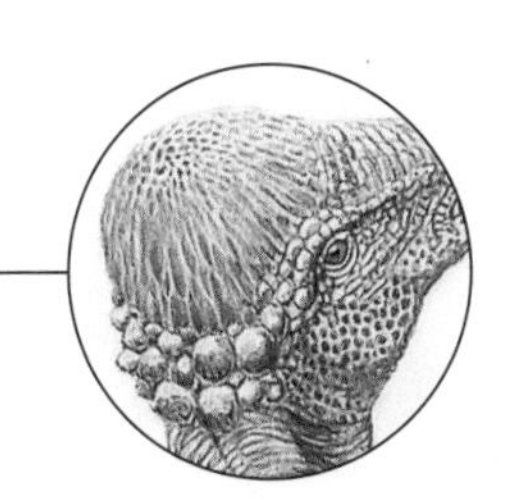

嘴

膨头龙长着锋利的锯齿状牙齿，因此它们的食物可能很多样，既有树叶、种子和果实，可能还会有昆虫。

恐龙
白垩纪晚期

时间轴（数百万年前）

540 | 505 | 438 | 408 | 360 | 280 | 248 | 208 | 146 | 65 | 1.8 至今

海王龙

目 · 有鳞目 · **科** · 沧龙科 · **属 & 种** · 在海王龙属内有众多物种

海王龙是当时最顶级的海生捕食者之一，而且也是其生活环境中体形最大的沧龙科恐龙。

重要统计资料

化石位置：美国、新西兰

食性：食肉动物

体重：10 吨

身长：15 米

身高：未知

名字意义：“有瘤的蜥蜴”，因为它的鼻子远远超出了最前端的牙齿

分布：海王龙化石在美国各州非常常见，另外人们在新西兰也发现了海王龙化石

化石证据

完整的海王龙化石十分常见，这表明通常它的尸体会被直接埋葬，而不是先被食腐动物吃掉或是被破坏。1868 年，人们在美国堪萨斯州的纪念碑岩附近发现了第一个海王龙标本。那片地区的岩石被称为尼奥布拉拉白垩层，那些岩石十分出名，因为其中含有丰富的沧龙科动物、其他海生爬行动物、鱼类、双壳类及其他白垩纪晚期海洋生物的化石。我们甚至还在那里发现了巨型乌贼，这些乌贼可能是海王龙的猎物。白垩沉积物是由无数个微化石组成的，有着细密的纹理，因此在那里发现的化石都被保存得十分精细。

史前动物
白垩纪晚期

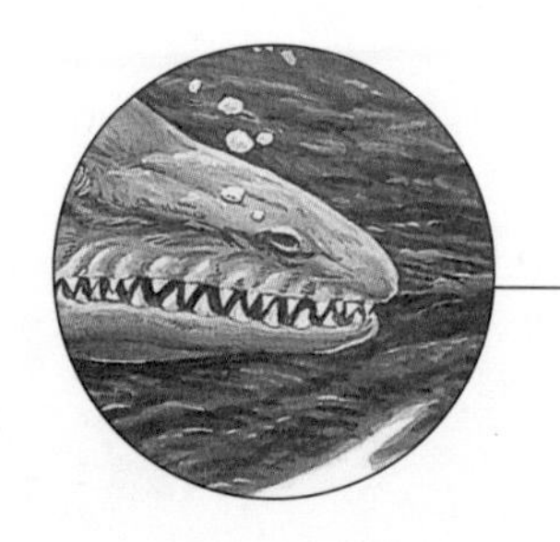

鼻子

海王龙突出的鼻子可以被当作撞锤，从而可以击晕猎物，或是帮助它和同类打斗。不过它的鼻子或许太过脆弱和敏感，以至于无法起到上述作用。

牙齿

在海王龙的一生中，它的牙齿在必要时会被替换。

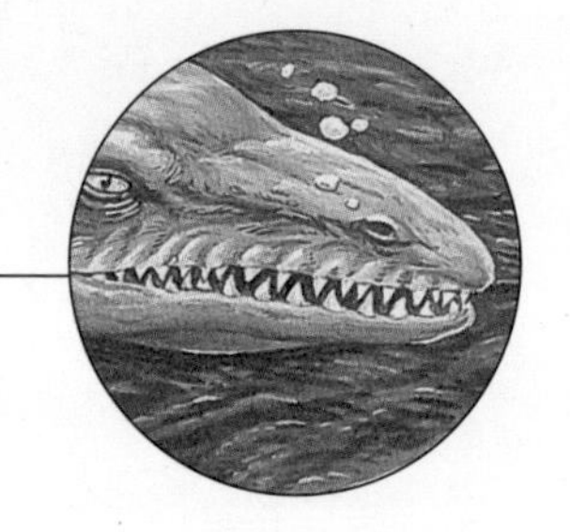

时间轴（数百万年前）

540 | 505 | 438 | 408 | 360 | 280 | 248 | 208 | 146 | 65 | 1.8 至今

皖南龙

目·鸟臀目·**科**·厚头龙科·**属&种**·岩寺皖南龙

重要统计资料

化石位置：中国

食性：食草动物

体重：1.5 千克

身长：60 厘米

身高：未知

名字意义："皖南蜥蜴"，因为它是在中国安徽省被发现的，安徽简称"皖"

分布：迄今为止，人们只在中国发现了皖南龙化石

化石证据

目前人们只发现了一具不完整的皖南龙骨架。其中包括一个部分头颅骨顶部、下颌、大腿骨、小腿骨和肋骨的一部分。皖南龙是人们已知最小的厚头龙。它的厚头骨在厚头龙科中很常见。

恐龙
白垩纪晚期

因为皖南龙体形很小，所以它很容易受到攻击。它可能会和蜥脚类恐龙一同迁徙，依靠蜥脚类恐龙庞大的体形去威慑捕食者。不过它的终极防御机制可能是逃跑或是躲到灌木丛中。

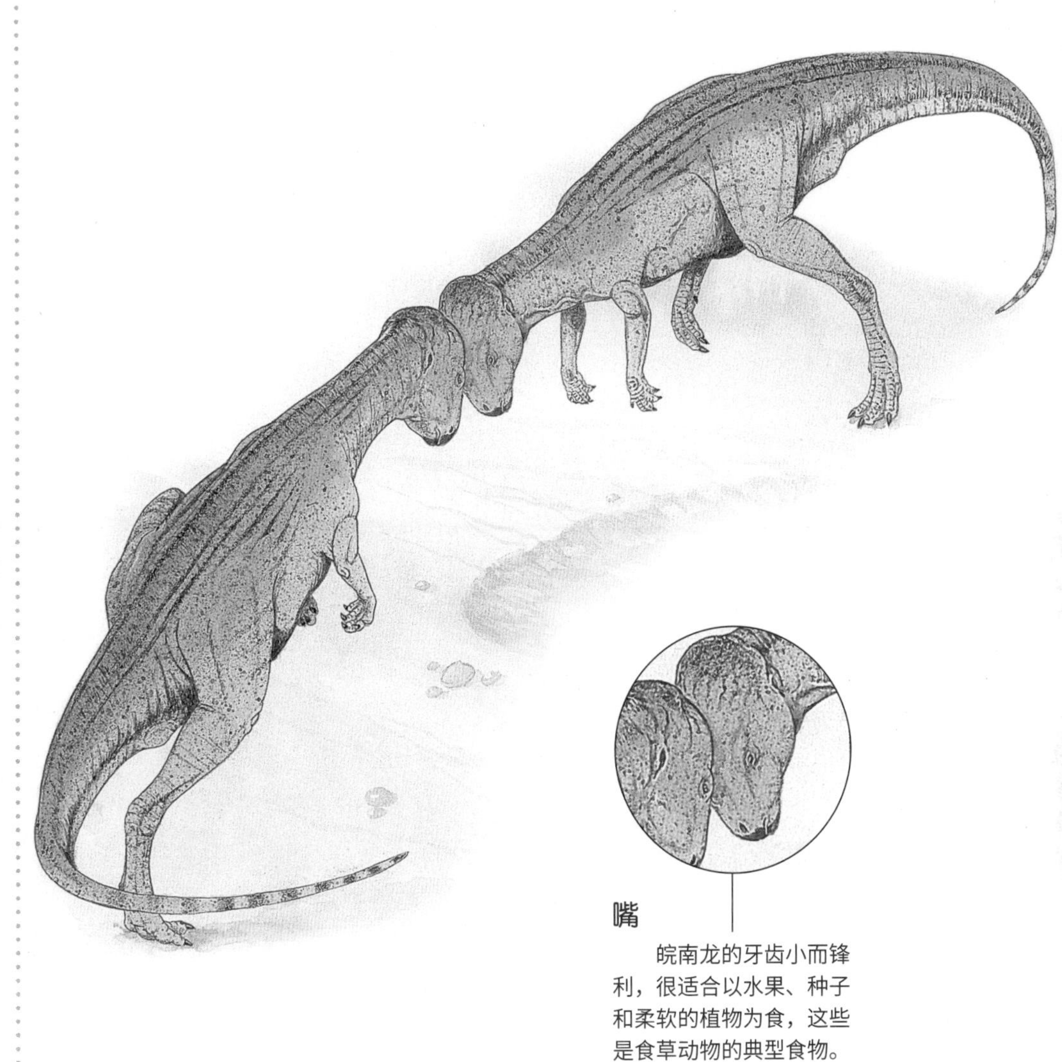

嘴

皖南龙的牙齿小而锋利，很适合以水果、种子和柔软的植物为食，这些是食草动物的典型食物。

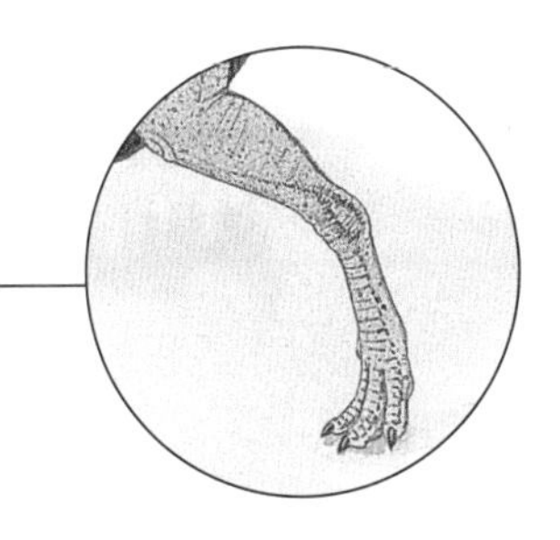

后肢

皖南龙体形较小，行动相对较缓，它会依靠后肢行走，但进食时可能会四足着地。

时间轴（数百万年前）

540 | 505 | 438 | 408 | 360 | 280 | 248 | 208 | 146 | 65 | 1.8 至今

甲龙

重要统计资料

化石位置:美国、加拿大、玻利维亚

食性:食草动物

体重:4吨

身长:10.7米

身高:1.2米

名字意义:“融合的蜥蜴”,因为在它的骨架中有很多融合的骨头

分布:人们已经在美国西部的蒙大拿州、加拿大的阿尔伯塔以及南美洲玻利维亚的苏克雷发现了甲龙化石

化石证据

尽管甲龙体形巨大,且身躯极重,但行动速度可能很快。通过分析它近亲的足迹化石,我们知道它可以慢跑,这些足迹化石是1996年人们在玻利维亚安第斯山脉的苏克雷发现的。另外人们还在其他地方发现了两块甲龙头骨和三具部分骨架,大约距今6500万年前,甲龙曾在那些地方生活。那三具部分骨架中包括了甲龙的甲胄和尾锤,尾锤是个极具破坏力的武器,可以起到保护作用。

甲龙是一种皮肤质地很粗糙的食草动物。它的体形巨大,且覆盖有厚厚的椭圆形骨板,即便是它的眼睛都有骨板保护。不过它的身体下侧没有骨板保护,很容易受到攻击,如果它翻过身子,就可能会受伤或是被杀。尽管它的头骨很宽,但因为它的大脑很小,所以它算不上是一种聪明的恐龙。

可怕的外表

虽然甲龙这样的食草动物通常不会像食肉动物(如可怕的暴龙)一样凶恶或嗜血,但对于任何想要攻击甲龙的动物来说,甲龙的外表是相当可怕的。正面看来,甲龙长着长而锋利的尖刺,而且它的头部也被尖刺包围着。它只需晃动一下长满尖刺的脑袋,就可以造成巨大的威慑力。

尾巴

甲龙的尾巴末端有一个覆有铠甲的尾锤,可以用来抵挡任何闯入其攻击范围的敌人。

尾锤

甲龙尾巴末端的尾锤是由巨大的皮内成骨（骨质鳞甲）组成的，由于这些皮内成骨是在皮肤里形成的，所以会变得非常坚硬。这些皮内成骨附着在甲龙尾巴末端的尾椎骨上，而且是以最末端的七节尾椎骨为支撑。科学家们发现甲龙的尾椎骨上曾附着有厚厚的肌腱，这些肌腱是和其他尾巴结构连接在一起的，或许正是如此，甲龙才可以用足够的力量击碎攻击者的骨头。

尖刺

甲龙的身体上侧覆盖着厚厚的骨板。

尾锤的受害者

右图中后面的这只恐龙大概是无法抵抗甲龙了，除非它将甲龙翻过来，暴露出甲龙不受保护的腹部。事实上，这只恐龙看起来就要被甲龙的尾锤快速击中了。

时间轴（数百万年前）

540	505	438	408	360	280	248	208	146	65	1.8 至今

甲龙

甲龙的发现

1906年，美国著名的化石搜寻者巴纳姆·布朗带领一支团队在地狱溪组地层工作，该地层位于美国西北部的蒙大拿州。这支团队发现了一块头骨的顶部、一些脊椎骨、一块部分肩带、一些肋骨以及一些身体甲胄的标本。布朗对这样的发现十分熟悉：早在1900年，他就在怀俄明州的兰斯组地层发现了一具兽脚亚目（两足）恐龙骨架，同时还发现了超过75个皮内成骨化石，后来人们发现这些皮内成骨和1906年的发现恰好相符。随后，在1910年，布朗在加拿大阿尔伯塔的斯科拉德组地层挖掘出了第一个甲龙尾锤、腿骨、肋骨以及更多甲胄。1900年、1906年和1910年的标本似乎属于同一物种。但是巴纳姆并没有等到最后一次发现，他在1908年就将这种恐龙命名为甲龙了。巴纳姆·布朗的伟大发现不仅只有甲龙。1902年，他还在地狱溪组地层发现了暴龙化石，暴龙是最著名的恐龙之一。

结节龙

重要统计资料

化石位置：北美洲

食性：食草动物

体重：未知

身长：4~6 米

身高：未知

名字意义："有瘤的蜥蜴"，因为它背上长着瘤状甲胄

分布：人们在美国的堪萨斯州和怀俄明州发现了结节龙化石

化石证据

结节龙是科学家们最先研究的甲龙之一。由于尚未发现完整的结节龙化石，因此我们只能推测它会不会和其他结节龙科恐龙一样，身体侧面也有尖刺。1989年，人们根据在美国堪萨斯州和怀俄明州发现的结节龙化石，对它进行了分类。人们认为结节龙曾经生活在白垩纪晚期。

结节龙是人们在北美洲发现的首批长有甲胄的恐龙之一。它是一种食草恐龙，皮肤上覆盖着瘤状骨板，人们正是根据这些骨板才给它取了这个名字。

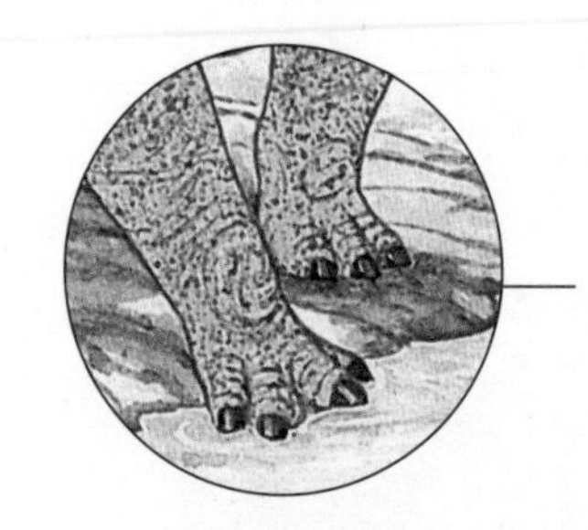

腿

结节龙的腿短而强壮，说明它行动非常缓慢。

甲胄

结节龙的背上长着厚厚的骨板，这些骨板可以保护它不受捕食者伤害。

面对危险

一些史前时代就存在的动物本能延续至今。如今当蜥蜴遭到攻击时，它们会先将自己平伏在地上。过去结节龙就是这么做的，这样不仅可以保护它脆弱的腹部，还可以防止攻击者将它的身体翻过来，对它造成致命打击。蜥蜴之所以将自己平伏在地上，也有一部分原因是为了让它的身体伪装更好地和地面融为一体，不过其原理和结节龙是一样的。

目·结节龙目·**科**·结节龙科·**属&种**·纺结节龙

侦探工作

当我们发现史前动物的化石时，它们重要部位的化石可能会缺失或被严重损害，所以科学家经常需要像侦探一样去研究那些被发现的化石遗骸。举例来说，现存的结节龙化石很少，且都不完整，我们并没有在那些化石中发现它身体侧面的尖刺。但由于这些尖刺常见于结节龙近亲的化石之中，可见它是结节龙科恐龙的常见特征，因此推测结节龙可能也有类似的保护机制。

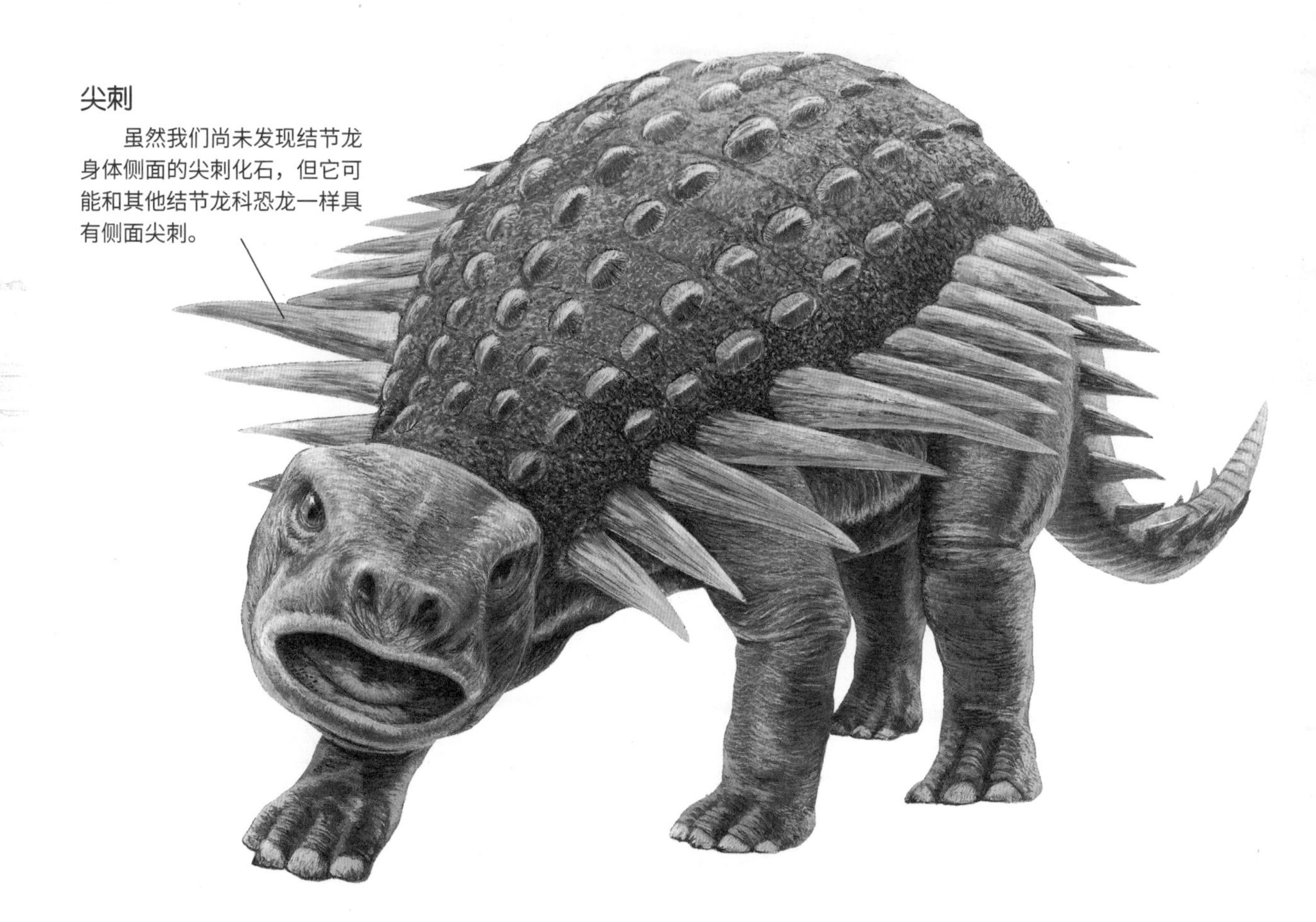

尖刺

虽然我们尚未发现结节龙身体侧面的尖刺化石，但它可能和其他结节龙科恐龙一样具有侧面尖刺。

时间轴（数百万年前）

540	505	438	408	360	280	248	208	146	65	1.8 至今

美甲龙

重要统计资料

化石位置：蒙古国

食性：食草动物

体重：1.8 吨

身长：6.7 米

身高：未知

名字意义：在蒙古语中的意思是“美丽的恐龙”

分布：美甲龙曾生活在蒙古国

化石证据

美甲龙的骨架在一场沙尘暴中被保存了下来，那场沙尘暴虽然杀死了这只恐龙，但也使得它的身体几乎被完整地保存了下来。侵蚀作用破坏了美甲龙的身体后侧，但是我们可以根据后来在蒙古国发现的部分骨架补足先前缺失的部分。美甲龙的厚甲胄可以起到很好的保护作用。它的身体和尾巴都覆盖着突起的骨板。美甲龙的尾巴末端有一个强壮的尾锤，这和甲龙很像。

恐龙
白垩纪晚期

虽然我们并没有在最开始的描述中详细说明，但是美甲龙之所以叫这个名字，可能是因为它的头骨化石被保存得极其完好。1977 年，人们首次描述关于美甲龙的头骨发现，其中包括了两块完整的头骨。美甲龙是甲龙的近亲。它生活在距今 8000 万年前，当时的气候炎热而干燥，它很适应这样的气候，当它从酷热的环境中吸进干燥的空气时，鼻腔的通道或许可以帮助加湿空气。

头部

美甲龙头部的骨板会让人以为它一直在咆哮。

缺失的部分

由于每具美甲龙骨架中都会有损毁或缺失的部分，所以人们是基于好几具骨架，才复原出了图中完整的美甲龙。

尾巴

美甲龙的尾巴是由一些单独的骨头融合在一起组成的——这尾巴可以很好地抵御捕食者。

目·鸟臀目·**科**·甲龙科·**属&种**·库尔三美甲龙

沙漠中的发现

1971年，人们在蒙古国的戈壁沙漠发现了美甲龙化石。对化石搜寻者来说，蒙古国和北美洲都蕴含着丰富的化石。

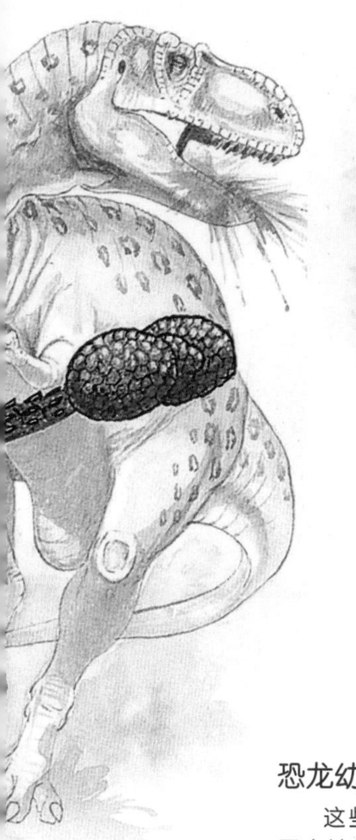

丰富的发现成果

1922年，人们在戈壁沙漠第一次发现了这种恐龙化石，从那以后，这片沙漠就成了极其重要的化石发现地。举例来说，2006年，人们在一周之内发现了67具恐龙骨架，发现地距离蒙古国首都乌兰巴托约两天的车程。近来，人们在同一地区发现了30块恐龙化石。

恐龙幼崽

这些恐龙幼崽能够从蛋中被孵化出来是十分幸运的。沙尘暴会掩埋很多恐龙蛋，那些蛋就永远无法被孵化。

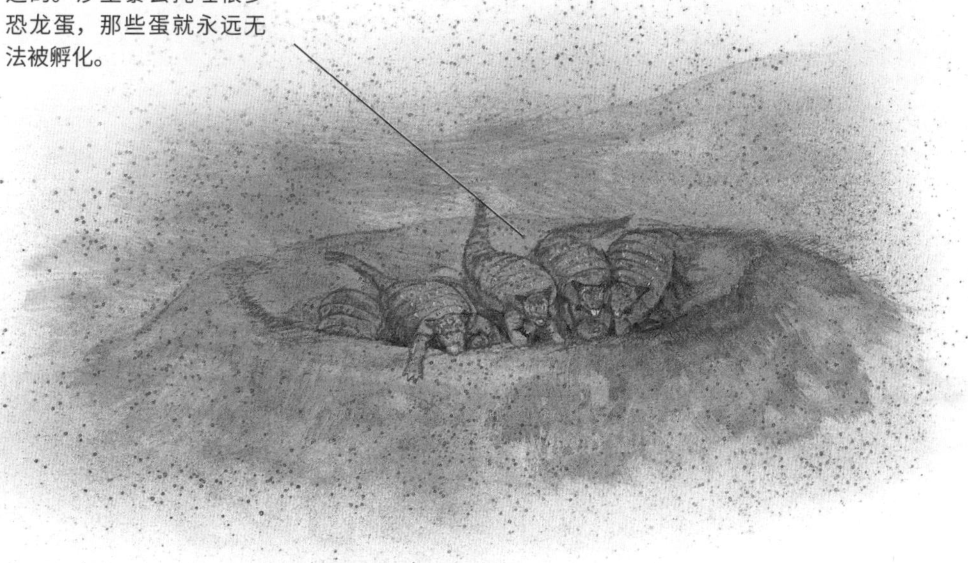

时间轴（数百万年前）

540	505	438	408	360	280	248	208	146	65	1.8 至今

美甲龙

目·鸟臀目·**科**·甲龙科·**属&种**·库尔三美甲龙

在蒙古国发现的恐龙

1993年，一队来自美国自然历史博物馆的科学家发现了一些标本，这些标本可以帮助他们明白，为何在蒙古国戈壁沙漠某些地区发现的恐龙化石会如此完整而清晰。在蒙古国南部的乌哈托喀（“棕色山丘”），大量水流似乎会时不时渗进沙漠之中，这会造成巨大的沙丘坍塌，大量沙子会沿着沙丘侧面向下滑。因此不等其他动物食用恐龙的尸体，或是风化作用对尸体加以侵蚀乃至破坏，恐龙就会被完全埋葬在沙子之中。由于这样的事情发生得极其迅速，因此也就可以解释为何当人们发现这些恐龙化石时，它们被保存得如此之好。当然，沙漠始终都是危险的，沙丘坍塌只是其中的一种表现而已。人们曾在砂岩中发现了一具保存完好的库尔三美甲龙化石，那只美甲龙很可能是在几百万年前葬身于一场沙尘暴之中。

厚甲龙

就恐龙而言，厚甲龙的体形很小，是目前人们发现的体形最小的恐龙之一。1871 年，德国古生物学家埃曼努埃尔·邦泽尔首次描述了这种恐龙。1915 年，人们在特兰西瓦尼亚和罗马尼亚发现了更多厚甲龙化石。2003 年，人们又在法国南部的郎格多克发掘出了更多化石。奇怪的是，所有发现于欧洲南部的恐龙化石都是体形很小的物种，其中包括了一种蜥脚类恐龙、一种鸭嘴龙和一种禽龙。

重要统计资料

化石位置：遍布欧洲南部

食性：食草动物

体重：300 千克

身长：最长可达 2 米

身高：未知

名字意义："鸵鸟蜥蜴"，因为据说它的头骨后侧和鸟类的很像

分布：人们曾在法国、匈牙利、奥地利和罗马尼亚发现了厚甲龙化石

化石证据

我们已经发现了大量厚甲龙化石，但是古生物学家尚未就如何解释这些化石达成一致。1871 年，埃曼努埃尔·邦泽尔将这些化石单独分类为一个爬行动物目，称它为鸟头目，意思是"鸟类的头部"。1915 年，参与了特兰西瓦尼亚发现工程的弗朗茨·冯·诺普斯卡男爵将厚甲龙分类为体形最小的甲龙之一，不过它的头部和鸟类的很像。但是在 1994 年，另外两名古生物学家通过分析厚甲龙化石，认为这些化石其实属于年轻的结节龙，结节龙是甲龙的亲戚。

甲胄

厚甲龙的背部和尾巴上长着各种各样的甲胄，其中包括巨大的刺状骨板和较长的肩刺。

头骨

因为厚甲龙的头骨后侧和鸟类的头骨很像，所以人们才给它取了这样一个奇怪的名字——"鸵鸟蜥蜴"。

恐龙
白垩纪晚期

目·鸟臀目·**科**·结节龙科·**属&种**·在厚甲龙属内有众多物种

小型物种

厚甲龙是一种小型恐龙，它是在一系列岛屿中进化的，这些岛屿后来变成了欧洲大陆的一部分。或许因为每个岛屿上的生存资源非常有限，所以这种恐龙无法进化并长成巨大的体形，如果它进化出了巨大的体形，就需要吃大量的植物才能存活。

腿

对于一只甲龙来说，厚甲龙的腿是很长的。而且由于它的身体比其他甲龙更轻一些，所以它的腿也不像其他甲龙的那般结实。

时间轴（数百万年前）

540	505	438	408	360	280	248	208	146	65	1.8 至今

剑射鱼

目 · 厚茎鱼目 · 科 · 乞丐鱼科 · 属 & 种 · 勇猛剑射鱼

重要统计资料

化石位置：北美洲

食性：食肉动物

体重：至少 227 千克

身长：4.3~5.1 米

身高：未知

名字意义：“剑状鳍条”，因为它胸鳍的鳍条很像剑

分布：剑射鱼曾生活在西部内陆海，如今这片海域已变成了北美洲的中部地区

化石证据

目前人们至少发现了 12 个剑射鱼的标本，这些标本的胃中均有猎物残骸。其中一种猎物是一只保存完好的乞丐鱼科动物鳃腺鱼。有一种推测是，当剑射鱼吞下整只鳃腺鱼后，鳃腺鱼在它的体内挣扎，并导致它的一个器官破裂，很快它便因此而死。目前在美国堪萨斯州的史坦伯格自然历史博物馆中，就展出了一个胃中含有鳃腺鱼的剑射鱼化石。2002 年，人们在捷克发现了一块不完整的头骨，这个头骨可能属于剑射鱼中的一个新物种。

剑射鱼是一种高效的捕食者，游泳速度极快。它或许可以用分叉的尾巴将猎物击晕，可能还会跃出水面来驱赶身上的寄生虫。

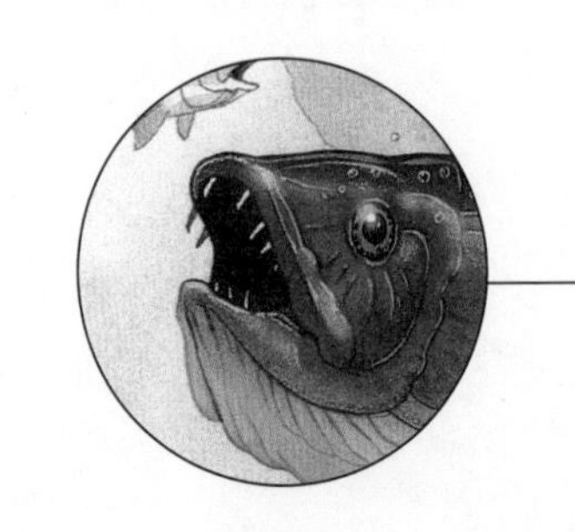

嘴

剑射鱼的嘴巴是向上翘的，这种鱼可以将嘴张得很大，从而一口吞下像成年人类这么大的猎物。

身体

剑射鱼的腹部呈暗蓝色和银色，说明可能它的身体上方呈深色，下方呈浅色——这是海洋中鱼类常见的伪装色。

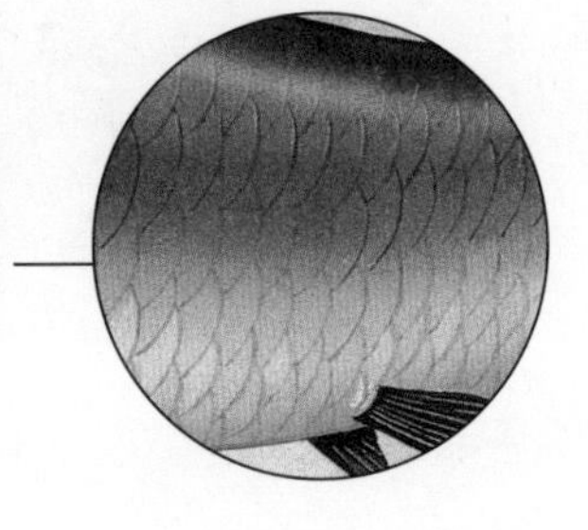

史前动物
白垩纪晚期

时间轴（数百万年前）

540	505	438	408	360	280	248	208	146	65	1.8 至今

恐鳄

目 · 鳄目 · **科** · 短吻鳄总科（超科）· **属 & 种** · 在恐鳄属内有众多物种

恐鳄是体形最大的史前鳄鱼之一，它和现今的鳄鱼非常像。它是一种体形巨大且有鳞甲的爬行动物，颌部十分强壮。

重要统计资料

化石位置：北美洲

食性：食肉动物

体重：2~3 吨

身长：10~12 米

身高：未知

名字意义："恐怖的鳄鱼"

分布：美国的许多州，从得克萨斯州到新泽西州都曾出现过恐鳄化石。另外，人们也曾在墨西哥境内发现过恐鳄化石

化石证据

目前我们只发现了恐鳄的化石碎片，其中最有用的化石就是一块长达 2 米的头骨，我们可以根据那块头骨的尺寸来推测它的体形大小。它的颌部附着有强壮的肌肉，因此十分有力，嘴中长着钝钝的牙齿。恐鳄可以在水下用牙齿来拖拽那些偶然靠近水边的猎物，很可能会通过"死亡翻滚"的方式使猎物窒息。恐鳄可能会以当时数量众多的鸭嘴龙为食，另外它也会吃鱼。

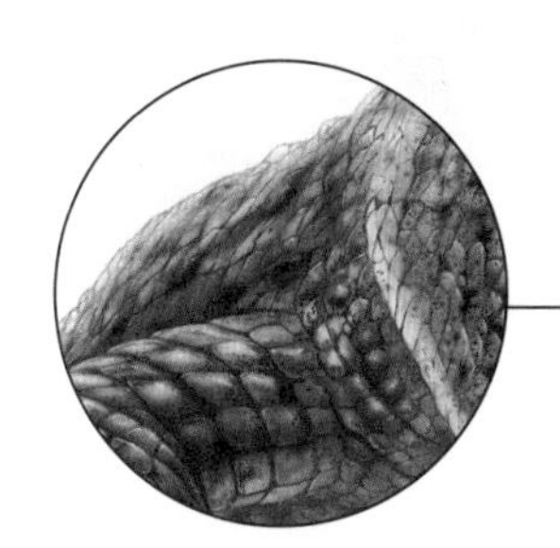

骨板

恐鳄的背部和尾巴上都长着骨板，骨板表面覆盖着沉重的鳞甲，这些骨板或许可以保护它不受敌人攻击，除此之外，还可以起到与运动相关的作用。

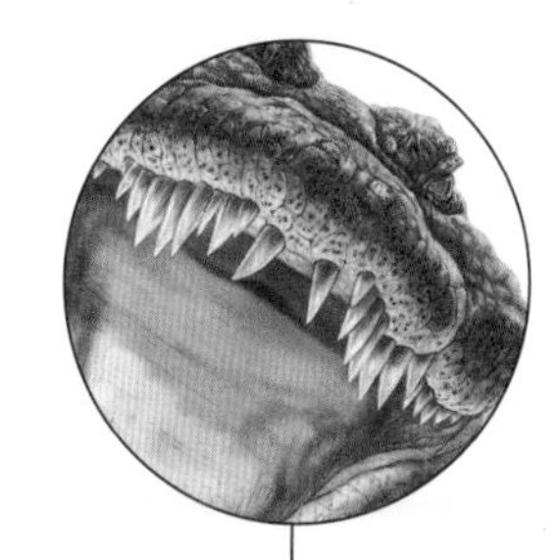

颌部和牙齿

恐鳄的颌部十分强壮，相较于咬伤猎物，它的牙齿更适合咬住猎物，因此它可以拖拽猎物，致其淹死。

史前动物
白垩纪晚期

时间轴（数百万年前）

540	505	438	408	360	280	248	208	146	65	1.8 至今

包头龙

目 · 鸟臀目 · **科** · 甲龙科 · **属 & 种** · 卫甲包头龙

重要统计资料

化石位置：北美洲

食性：食草动物

体重：2~3.3 吨

身长：6 米

身高：未知

名字意义："装甲完备的头部"，因为它的头骨上有许多骨板

分布：人们曾在北美洲，尤其是加拿大的阿尔伯塔和美国的蒙大拿州发现了包头龙化石

化石证据

由于人们在很多地方都发现了包头龙化石，因此它可以算是北美洲最常见的甲龙之一。虽然包头龙亲戚的化石表明它们是群居生活的，但由于目前我们只发现了单独的包头龙标本，说明这种恐龙可能是独居生活的。包头龙的背部有甲胄，这些甲胄可以起到很好的保护作用。事实上，或许只有当它的身体被翻过来，它才会受到攻击：通过分析加拿大阿尔伯塔的恐龙骨头化石，我们发现，包头龙和它所有甲龙亲戚的身上都没有咬痕。

恐龙
白垩纪晚期

包头龙的头部和身体都覆盖有甲胄，其上嵌有尖刺，它的眼睛周围甚至有骨质眼睑保护。它的头骨后侧长有角。

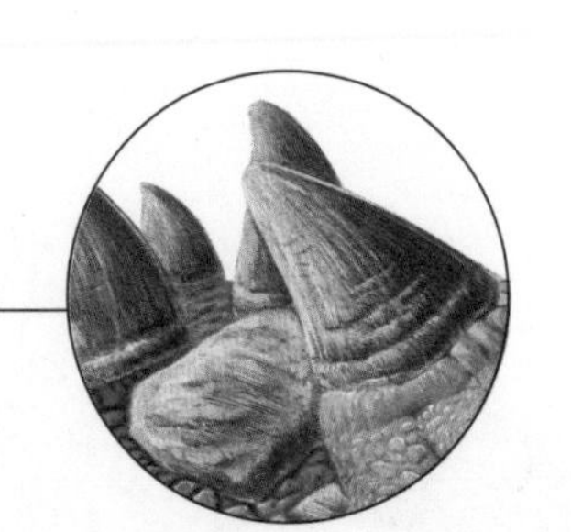

甲胄

由于包头龙的甲胄进化成了狭窄的带状，因此它非常灵活。

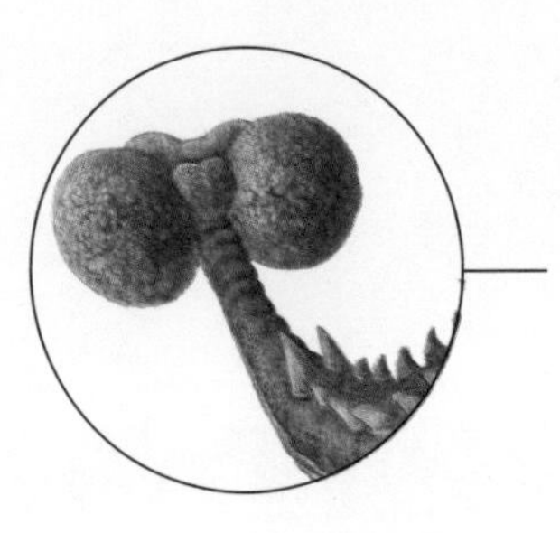

尾锤

包头龙的尾锤由厚骨头组成，重达 20 千克，可以给敌人造成致命一击。

时间轴（数百万年前）

540	505	438	408	360	280	248	208	146	65	1.8 至今

似鸡龙

目 · 蜥臀目 · 科 · 似鸟龙科 · 属 & 种 · 气腔似鸡龙

重要统计资料

化石位置：蒙古国

食性：杂食动物

体重：440 千克

身长：5 米

身高：3.4 米

名字意义："鸡的模仿者"，因为它的脖子结构和鸡的很像

分布：人们已在蒙古国东南部的巴彦查夫区域发现了似鸡龙的标本

化石证据

目前人们已经发现了多种似鸡龙的个体化石，既有成年龙，也有幼龙。由于其中一些标本被保存在巨大的骨层中，因此似鸡龙应该会成群活动。似鸡龙的四肢很长，足骨纤细，脚趾较短，说明它可以跑得很快，说不定它的跑步速度和如今的鸵鸟不相上下，可达 70 千米 / 小时。我们尚不清楚似鸡龙究竟吃什么，它的无齿喙不适合吃较硬的肉，另外爪子似乎也不适合抓取东西。它可能以小型昆虫、树叶、浆果和恐龙蛋为食，它或许会用爪子或是像铲子一样的长喙将恐龙蛋从地上铲起来。

恐龙
白垩纪晚期

似鸡龙是一种和鸵鸟很像的大型恐龙，它的腿很长，骨头中空，因此它可能比当时大多数动物都跑得快，即便是捕食它的食肉动物也跑不过它。

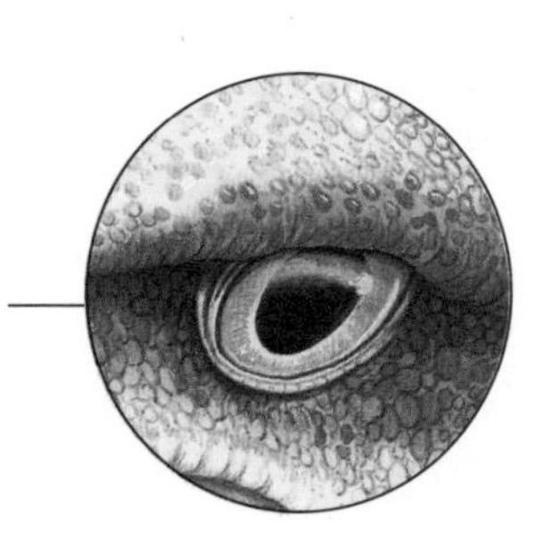

眼睛

似鸡龙的眼睛位于头部两侧，这说明它会有全景视野，但是缺乏景深感知。

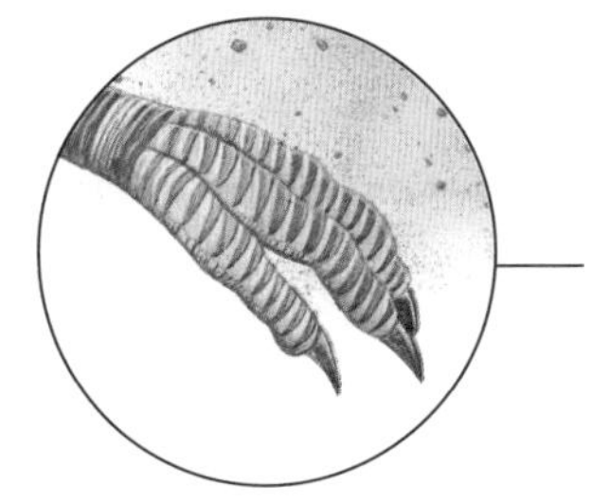

手

似鸡龙的手上有三个指头，非常不适合用来抓取东西，或许可以用来刨地或是挖地。

时间轴（数百万年前）

540 | 505 | 438 | 408 | 360 | 280 | 248 | 208 | 146 | 65 | 1.8 至今

黄昏鸟

目 · 黄昏鸟目 · 科 · 黄昏鸟科 · 属 & 种 · 在黄昏鸟属内有众多物种

黄昏鸟是一种体形巨大的鸟类，但它无法飞行或是在陆地上行走，不过它是个游泳健将，而且是个熟练的潜水员。黄昏鸟是海洋中最优秀的捕食者之一。

重要统计资料

化石位置：北美洲

食性：食肉动物

体重：未知

身长：1.5 米

身高：未知

名字意义："西部的鸟"，因为它是在美国西部被发现的

分布：黄昏鸟曾在北美洲的内陆海、图尔盖海峡以及史前时代的北海捕猎

化石证据

在恐龙时代，黄昏鸟是体形最大的鸟类之一。当它在陆地上时，只能用腿挖掘，并靠腹部推动自己前进，就像海龟一样，十分脆弱。黄昏鸟可能会在孤立的岛屿上筑巢，或是在海洋中生活并产下幼崽。它可以在水中潜水和游泳，朝向后方的腿可以加强它这两项能力，脚上有蹼或是呈瓣蹼状。

喙

黄昏鸟的喙中长着许多锋利的牙齿，可以用来咬住猎物——中生代之后鸟类就不具备这个特征了。

后肢

黄昏鸟的后肢不够强壮，无法在陆地上支撑起它的重量，而当后肢转向后方时，可以提高它的游泳能力。

恐龙
白垩纪晚期

时间轴（数百万年前）

540	505	438	408	360	280	248	208	146	65	1.8 至今

赖氏龙

目·鸟臀目·科·鸭嘴龙科·属&种·在赖氏龙属内有众多物种

重要统计资料

化石位置：北美洲

食性：食草动物

体重：最重可达 23 吨

身长：9~15 米

身高：到臀部的高度为 2.1 米

名字意义："赖博的蜥蜴"，得名于加拿大化石搜寻者查尔斯·赖博

分布：根据化石，我们可知赖氏龙曾经生活在加拿大的阿尔伯塔以及美国的蒙大拿州和墨西哥州

化石证据

目前我们已经发现了超过 20 种赖氏龙化石。许多赖氏龙物种都已被人们命名，不过其中一些物种的化石可能只是幼龙化石，而非新的小型物种的化石。化石的多样性使得人们对赖氏龙典型体形的估测大相径庭。所有赖氏龙物种都有头冠。其中一种头冠像是一柄长在头骨中的短斧；另一种头冠则是单层脊状突起。我们尚不清楚那些头冠的作用。中空的头冠结构可以提高赖氏龙叫声的音量。另外，头冠可能起到传统的展示作用，或是为了展示性别的不同。

恐龙
白垩纪晚期

赖氏龙是体形最大的鸭嘴龙之一，不同物种的头冠会有所差别。目前古生物学家仍然不清楚它的头冠能起什么作用。这个冠是用来展示，还是用来发出声音，抑或是用于吸收气味的？

牙齿

赖氏龙的嘴中可能长有多达 1600 颗紧密排列的牙齿，因此如果牙齿因持续咀嚼而断裂，马上就会有新牙长出来替代旧牙。

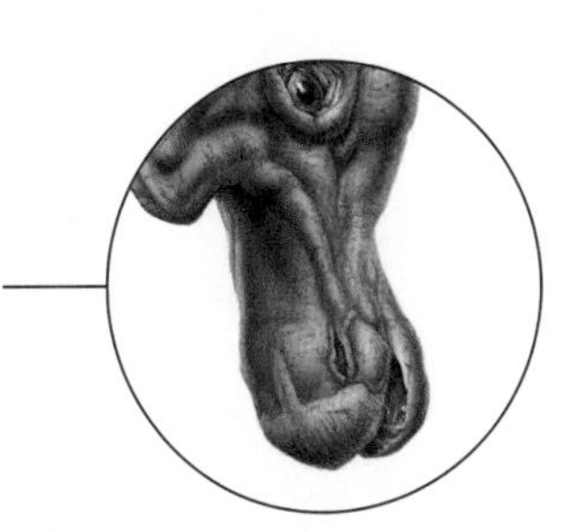

腿和尾巴

赖氏龙在行动时，既能用四足觅食，也可用两条腿奔跑。尾巴中的肌腱使得尾巴比较僵硬，能够防止尾巴下垂。

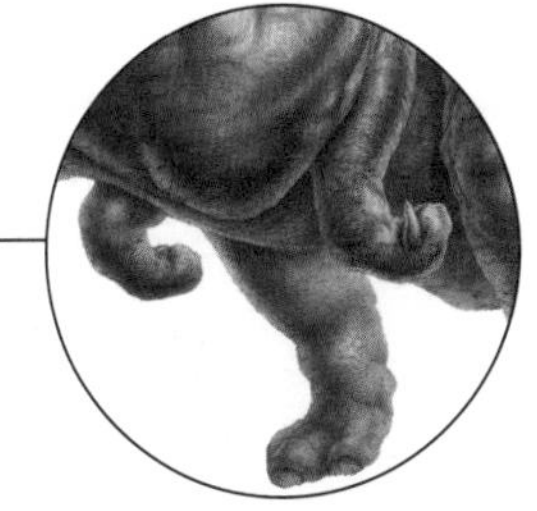

时间轴（数百万年前）

540	505	438	408	360	280	248	208	146	65	1.8 至今

里伯龙

目 · 蛇颈龙目 · **科** · 薄板龙科 · **属 & 种** · 摩氏里伯龙，阿氏里伯龙

重要统计资料

化石位置：美国

食性：食肉动物

体重：最重可达 5~8 吨

身长：7~14 米

身高：未知

名字意义：“西南游泳者”，因为这种恐龙是在美国西南部被发现的

分布：人们在美国的得克萨斯州和堪萨斯州发现了里伯龙化石

化石证据

由于早先人们从未见过像里伯龙这样的动物，因此曾有一位化石搜寻者错将里伯龙亲戚的脖子认作尾巴。人们认为里伯龙会运用高超的游泳本领追逐鱼群，并从水下攻击它们，再用它牢笼般的嘴巴抓住它们。里伯龙可能会通过吞食石子来提高在水中的稳定性。

史前动物
白垩纪晚期

里伯龙是一种脖子很长的蛇颈龙，属于薄板龙科。这类海洋动物都长着四个强壮的鳍状肢，生活于白垩纪晚期的海洋中。

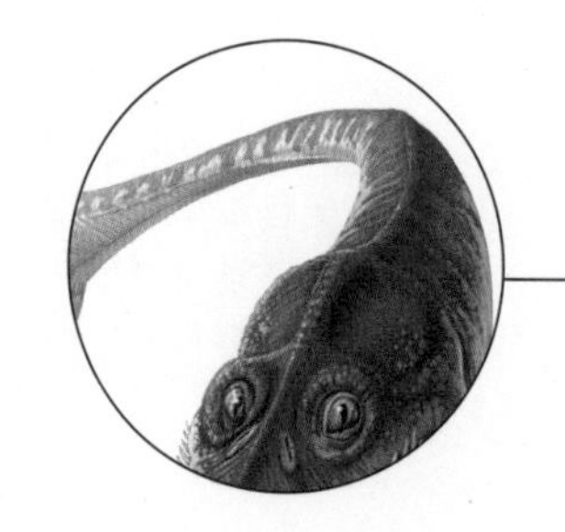

脖子

里伯龙的脖子中有 62 块骨头，它的脖子很长，几乎占据了身体长度的一半。

牙齿

里伯龙嘴中有多达 36 颗朝前的、锋利的长牙齿，这些牙齿相互联结，形成了一个牢笼状构造，可以用来捕捉鱼类或乌贼。

时间轴（数百万年前）

540	505	438	408	360	280	248	208	146	65	1.8 至今

单爪龙

目 · 蜥臀目 · 科 · 阿瓦拉慈龙科 · 属 & 种 · 鹰嘴单爪龙

单爪龙究竟是一种鸟，还是一种像鸟的恐龙？由于它和鸟类的关系如此密切，所以早期人们对上述问题的答案并不统一。单爪龙是一种行动迅速、视觉敏锐的小型捕食者，曾在空旷的沙漠平原中生活。

重要统计资料

化石位置：蒙古国

食性：食肉动物，可能是杂食动物

体重：未知

身长：90 厘米

身高：未知

名字意义：“单一的爪子”，因为它前肢的脚趾非常独特

分布：人们已在蒙古国东南部戈壁沙漠的布金查夫 区域发现了单爪龙化石

化石证据

由于单爪龙的骨头轻而中空，并没有被很好地保存在化石中，所以让人沮丧，单爪龙的化石都不完整。单爪龙的短前肢十分强壮，它最具吸引力的特征是每个前肢上都长着一个大爪子，爪子似乎无法用来抓住猎物或进行挖掘，所以一些古生物学家认为单爪龙会用爪子挖开白蚁穴来寻找食物。单爪龙的眼睛很大，因此它可以在夜间狩猎。单爪龙可能既吃植物，也吃昆虫和蜥蜴。

胸骨和腓骨

单爪龙的胸骨较小，其中有龙骨突，而且它的腓骨已经退化，所以有些人据此分析，认为它是一种原始鸟类，而不是非鸟型恐龙。

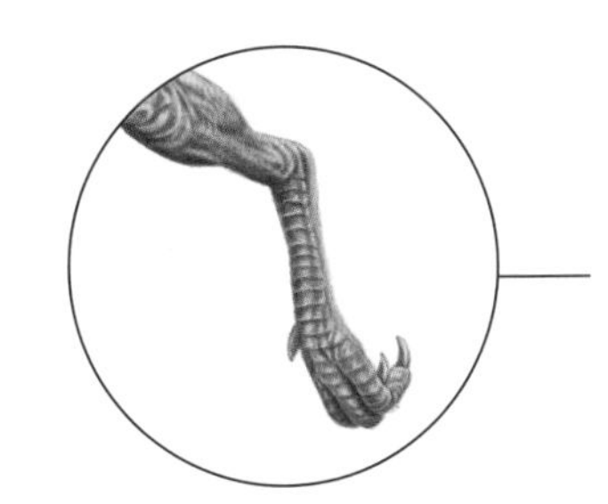

腿

如果单爪龙碰见了可怕的捕食者，强壮的长腿可以帮助它快速逃跑。

恐龙
白垩纪晚期

时间轴（数百万年前）

540 | 505 | 438 | 408 | 360 | 280 | 248 | 208 | 146 | 65 | 1.8 至今

沧龙

目·有鳞目·**科**·沧龙科·**属&种**·在沧龙属内有众多物种

重要统计资料

化石位置：世界各地

食性：食肉动物

体重：最大的沧龙至少有 20.3 吨重

身长：最长可达 17 米

身高：未知

名字意义："默兹的蜥蜴"，因为人们在荷兰的默兹河首次发现了这种恐龙

分布：人们已在各大洲白垩纪晚期的海洋沉积物中都发现了沧龙化石，其中在北美洲西部内陆海道沉积物中发现的沧龙化石最为知名

化石证据

虽然大多数沧龙化石中保存的都是单独的牙齿和骨头碎片，但人们已经发现了大量完整的沧龙骨架。由于海洋动物死后被掩埋和保存的可能性要高于陆生动物，而且沧龙这种海洋动物遍布全球，十分常见，因此它的化石保存得非常好。尽管沧龙明显只存活于白垩纪晚期，但它在短短的时间内就实现了物种多样化，并且分布于全球各地。沧龙和所有非鸟型恐龙以及其他特定物种一同在白垩纪晚期灭绝了。

史前动物
白垩纪晚期

沧龙是一种生活在海洋中的大型有鳞目动物，是非常成功的捕食者。有鳞目动物是由蜥蜴和蛇组成的。沧龙是有史以来体形最大的有鳞目动物，也是体形巨大的海洋动物。它的祖先原来生活在陆地上，当它们来到海洋中后，就进化出了利于游泳的鳍状肢和扁平的尾巴。

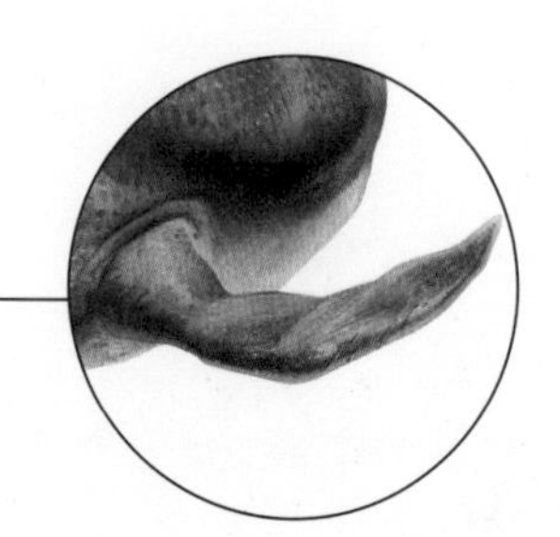

前肢

当沧龙在水中移动时，它的鳍状肢非常有用。沧龙鳍状肢中的指骨数量远远超过人类手中的指骨数量。

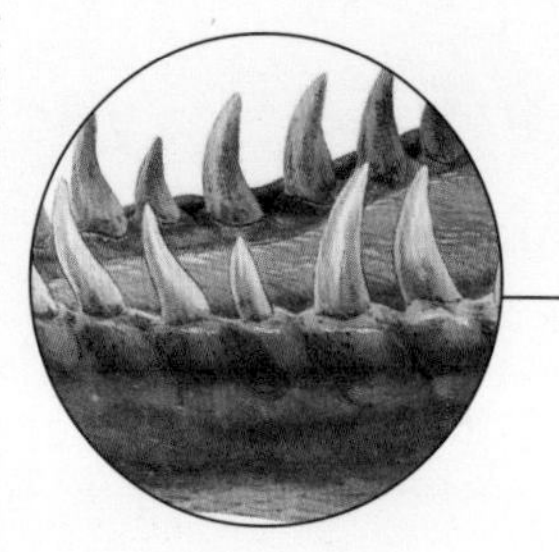

牙齿

沧龙都是食肉动物。大部分沧龙的嘴中长满了锋利的圆锥状牙齿，在它的一生中，这些牙齿会被替换。

时间轴（数百万年前）

540 | 505 | 438 | 408 | 360 | 280 | 248 | 208 | 146 | 65 | 1.8 至今

副栉龙

目·鸟臀目·**科**·鸭嘴龙科·**属＆种**·在副栉龙属内有众多物种

这种鸭嘴龙的后脑勺上长有一个弯曲着的绚烂头冠。这个头冠或许可以帮助它和其他副栉龙交流，或是可以作为共鸣器，放大它的叫声。

重要统计资料

化石位置：北美洲

食性：食草动物

体重：2.5 吨

身长：9.5 米

身高：4.9 米

名字意义："近似栉龙"，因为先前人们认为它是栉龙的近亲

分布：人们先在加拿大的阿尔伯塔挖掘出了副栉龙化石，后来在美国的新墨西哥州和犹他州也有发现

化石证据

不同副栉龙物种的头冠大小不同。最长的冠是一个长达 1.8 米的弯曲的空心管。副栉龙在交流时会发出声音，由于它的冠可以放大这些声音，所以人们将它称为"喇叭恐龙"。不过，副栉龙可能主要将冠用于视觉识别。副栉龙的眼窝巨大，说明它的视觉十分敏锐，因此它可能在昏暗环境中也十分活跃。早先人们认为副栉龙主要生活在水中，但根据它的胃容物化石，我们知道它以陆地植物为食，这就驳斥了先前的观点。

颌部

副栉龙的颌部构造使众多颊齿可以做出研磨动作，从而咀嚼食物。

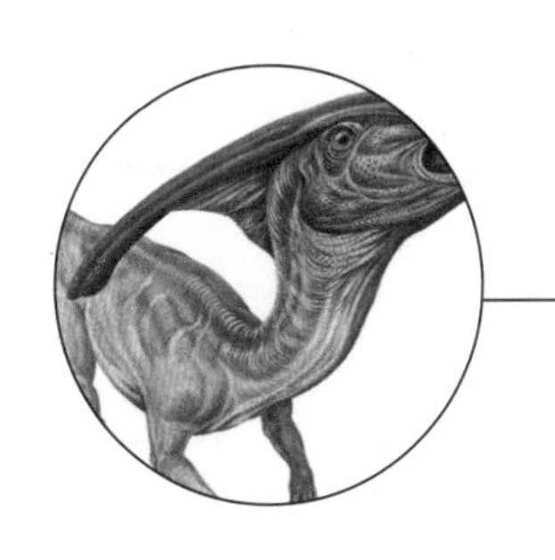

凹口

在副栉龙的冠部尖端接触脊椎的地方，可能有一个凹口，不过我们完全不清楚这个凹口有什么作用。

恐龙
白垩纪晚期

时间轴（数百万年前）

540	505	438	408	360	280	248	208	146	65	1.8 至今

图书在版编目（CIP）数据

白垩纪恐龙 / 英国琥珀出版公司编著 ; 王凌宇译
. -- 兰州 : 甘肃科学技术出版社, 2020.11
ISBN 978-7-5424-2607-9

Ⅰ. ①白… Ⅱ. ①英… ②王… Ⅲ. ①恐龙－儿童读
物 Ⅳ. ①Q915.864-49

中国版本图书馆CIP数据核字（2020）第225891号

著作权合同登记号：26-2020-0101

白垩纪恐龙

［英］英国琥珀出版公司 编著
王凌宇 译

责任编辑 何晓东
封面设计 韩庆熙

出 版 甘肃科学技术出版社
社 址 兰州市读者大道568号 730030
网 址 www.gskejipress.com
电 话 0931-8125103（编辑部）0931-8773237（发行部）
京东官方旗舰店 https://mall. jd. com/index-655807.html

发 行 甘肃科学技术出版社 印 刷 雅迪云印（天津）科技有限公司
开 本 889mm×1194mm 1/16 印 张 7.25 字 数 99千
版 次 2021年1月第1版
印 次 2021年1月第1次印刷
书 号 ISBN 978-7-5424-2607-9
定 价 48.00元
